U0363485

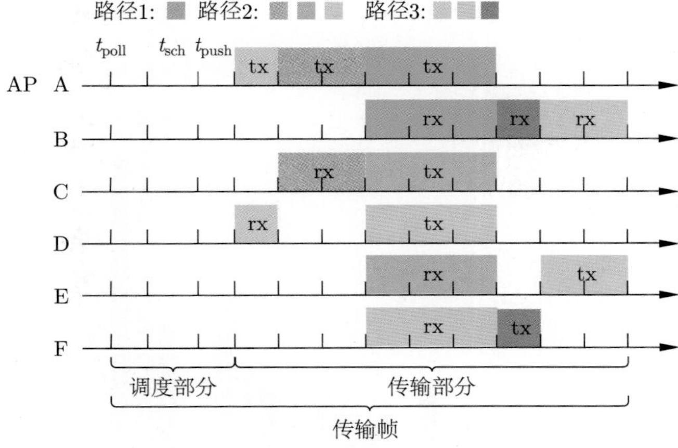

图 2.1　MPMH 传输帧

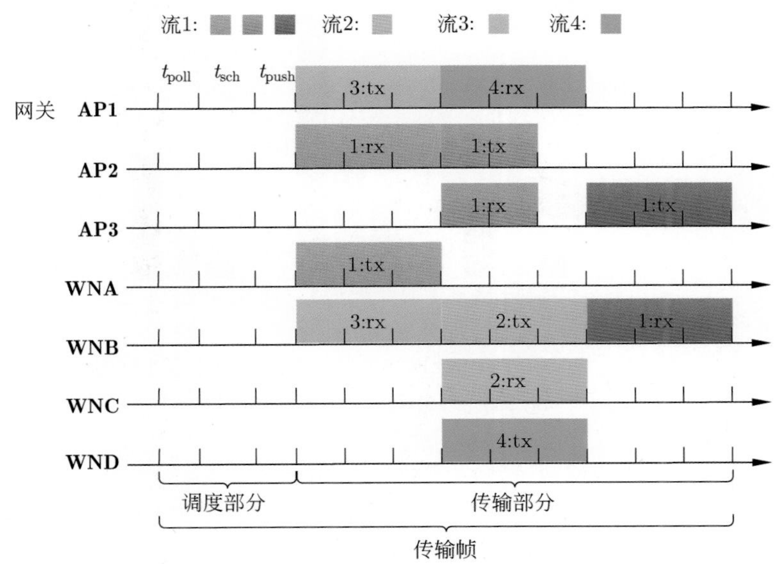

图 4.2　D2DMAC 的操作流程

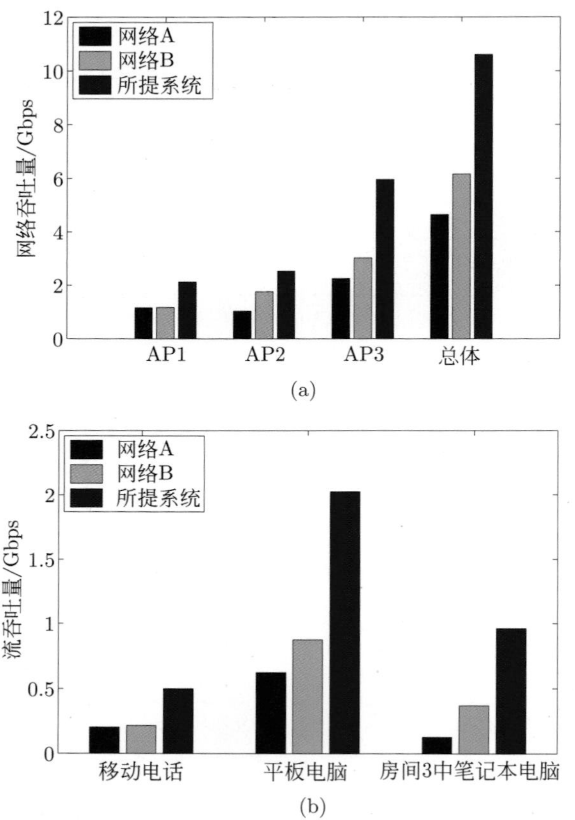

图 5.5　所提系统和传统网络的网络吞吐量和流吞吐量比较

(a) 网络吞吐量比较；(b) 流吞吐量比较

清华大学优秀博士学位论文丛书

毫米波无线网络MAC层关键问题研究

牛勇 著　Niu Yong

Research on the Key Problems of Millimeter Wave Wireless Networks in the MAC Layer

清华大学出版社
北 京

内 容 简 介

毫米波通信是下一代移动通信系统的关键技术之一，目前得到学术界和工业界的热切关注。毫米波通信可提供数吉比特量级的通信服务，如高清电视和超高清视频。本书重点研究了毫米波无线网络中的定向通信、遮挡敏感、动态性等关键问题，在空分复用机制、抗遮挡策略、D2D 通信、传输调度等关键技术和网络架构方面提出了一系列解决方案。本书内容可为通信专业大学生、高校教师和科研人员提供参考。

图书在版编目(CIP) 数据

毫米波无线网络 MAC 层关键问题研究 / 牛勇著.—北京：清华大学出版社，2019.11
（清华大学优秀博士学位论文丛书）
ISBN 978-7-302-53836-3

Ⅰ. ①毫… Ⅱ. ①牛… Ⅲ. ①无线网－通信技术－研究 Ⅳ. ①TN92

中国版本图书馆 CIP 数据核字 (2019) 第 209031 号

责任编辑： 王 倩
封面设计： 傅瑞学
责任校对： 刘玉霞
责任印制： 丛怀宇

出版发行： 清华大学出版社
网 址：http://www.tup.com.cn, http://www.wqbook.com
地 址：北京清华大学学研大厦 A 座 邮 编：100084
社 总 机：010-62770175 邮 购：010-62786544
投稿与读者服务：010-62776969, c-service@tup.tsinghua.edu.cn
质量反馈：010-62772015, zhiliang@tup.tsinghua.edu.cn
印 刷 者： 三河市铭诚印务有限公司
装 订 者： 三河市启晨纸制品加工有限公司
经 销： 全国新华书店
开 本： 155mm × 235mm **印 张：** 10 **插 页：** 1 **字 数：** 161 千字
版 次： 2019 年 12 月第 1 版 **印 次：** 2019 年 12 月第 1 次印刷
定 价： 89.00 元

产品编号：081672-01

一流博士生教育
体现一流大学人才培养的高度（代丛书序）①

人才培养是大学的根本任务。只有培养出一流人才的高校，才能够成为世界一流大学。本科教育是培养一流人才最重要的基础，是一流大学的底色，体现了学校的传统和特色。博士生教育是学历教育的最高层次，体现出一所大学人才培养的高度，代表着一个国家的人才培养水平。清华大学正在全面推进综合改革，深化教育教学改革，探索建立完善的博士生选拔培养机制，不断提升博士生培养质量。

学术精神的培养是博士生教育的根本

学术精神是大学精神的重要组成部分，是学者与学术群体在学术活动中坚守的价值准则。大学对学术精神的追求，反映了一所大学对学术的重视、对真理的热爱和对功利性目标的摒弃。博士生教育要培养有志于追求学术的人，其根本在于学术精神的培养。

无论古今中外，博士这一称号都是和学问、学术紧密联系在一起，和知识探索密切相关。我国的博士一词起源于 2000 多年前的战国时期，是一种学官名。博士任职者负责保管文献档案、编撰著述，须知识渊博并负有传授学问的职责。东汉学者应劭在《汉官仪》中写道:“博者，通博古今；士者，辩于然否。”后来，人们逐渐把精通某种职业的专门人才称为博士。博士作为一种学位，最早产生于 12 世纪，最初它是加入教师行会的一种资格证书。19 世纪初，德国柏林大学成立，其哲学院取代了以往神学院在大学中的地位，在大学发展的历史上首次产生了由哲学院授予的哲学博士学位，并赋予了哲学博士深层次的教育内涵，即推崇学术自由、创造新知识。哲学博士的设立标志着现代博士生教育的开端，博士则被定义为独立从事学术研究、具备创造新知识

① 本文首发于《光明日报》，2017 年 12 月 5 日。

能力的人，是学术精神的传承者和光大者。

博士生学习期间是培养学术精神最重要的阶段。博士生需要接受严谨的学术训练，开展深入的学术研究，并通过发表学术论文、参与学术活动及博士论文答辩等环节，证明自身的学术能力。更重要的是，博士生要培养学术志趣，把对学术的热爱融入生命之中，把捍卫真理作为毕生的追求。博士生更要学会如何面对干扰和诱惑，远离功利，保持安静、从容的心态。学术精神特别是其中所蕴含的科学理性精神、学术奉献精神不仅对博士生未来的学术事业至关重要，对博士生一生的发展都大有裨益。

独创性和批判性思维是博士生最重要的素质

博士生需要具备很多素质，包括逻辑推理、言语表达、沟通协作等，但是最重要的素质是独创性和批判性思维。

学术重视传承，但更看重突破和创新。博士生作为学术事业的后备力量，要立志于追求独创性。独创意味着独立和创造，没有独立精神，往往很难产生创造性的成果。1929 年 6 月 3 日，在清华大学国学院导师王国维逝世二周年之际，国学院师生为纪念这位杰出的学者，募款修造“海宁王静安先生纪念碑”，同为国学院导师的陈寅恪先生撰写了碑铭，其中写道:“先生之著述，或有时而不章; 先生之学说，或有时而可商; 惟此独立之精神，自由之思想，历千万祀，与天壤而同久，共三光而永光。”这是对于一位学者的极高评价。中国著名的史学家、文学家司马迁所讲的“究天人之际，通古今之变，成一家之言”也是强调要在古今贯通中形成自己独立的见解，并努力达到新的高度。博士生应该以“独立之精神、自由之思想”来要求自己，不断创造新的学术成果。

诺贝尔物理学奖获得者杨振宁先生曾在 20 世纪 80 年代初对到访纽约州立大学石溪分校的 90 多名中国学生、学者提出:“独创性是科学工作者最重要的素质。”杨先生主张做研究的人一定要有独创的精神、独到的见解和独立研究的能力。在科技如此发达的今天，学术上的独创性变得越来越难，也愈加珍贵和重要。博士生要树立敢为天下先的志向，在独创性上下功夫，勇于挑战最前沿的科学问题。

批判性思维是一种遵循逻辑规则、不断质疑和反省的思维方式，具有批判性思维的人勇于挑战自己、敢于挑战权威。批判性思维的缺乏往往被认为是中国学生特有的弱项，也是我们在博士生培养方面存在的一个普遍问题。2001 年，美国卡内基基金会开展了一项“卡内基博士生教育创新计划”，针对博士生教育进行调研，并发布了研究报告。该报告指出：在美国和欧洲，培养学生保持批判而质疑的眼光看待自己、同行和导师的观点同样非常不容易，批判性思维的培养必须要成为博士生培养项目的组成部分。

对于博士生而言，批判性思维的养成要从如何面对权威开始。为了鼓励学生质疑学术权威、挑战现有学术范式，培养学生的挑战精神和创新能力，清华大学在 2013 年发起“巅峰对话”，由学生自主邀请各学科领域具有国际影响力的学术大师与清华学生同台对话。该活动迄今已经举办了 21 期，先后邀请 17 位诺贝尔奖、3 位图灵奖、1 位菲尔兹奖获得者参与对话。诺贝尔化学奖得主巴里 • 夏普莱斯（Barry Sharpless）在 2013 年 11 月来清华参加“巅峰对话”时，对于清华学生的质疑精神印象深刻。他在接受媒体采访时谈道：“清华的学生无所畏惧，请原谅我的措辞，但他们真的很有胆量。”这是我听到的对清华学生的最高评价，博士生就应该具备这样的勇气和能力。培养批判性思维更难的一层是要有勇气不断否定自己，有一种不断超越自己的精神。爱因斯坦说：“在真理的认识方面，任何以权威自居的人，必将在上帝的嬉笑中垮台。”这句名言应该成为每一位从事学术研究的博士生的箴言。

提高博士生培养质量有赖于构建全方位的博士生教育体系

一流的博士生教育要有一流的教育理念，需要构建全方位的教育体系，把教育理念落实到博士生培养的各个环节中。

在博士生选拔方面，不能简单按考分录取，而是要侧重评价学术志趣和创新潜力。知识结构固然重要，但学术志趣和创新潜力更关键，考分不能完全反映学生的学术潜质。清华大学在经过多年试点探索的基础上，于 2016 年开始全面实行博士生招生“申请-审核”制，从原来的按照考试分数招收博士生转变为按科研创新能力、专业学术潜质招收，并给予院系、学科、导师更大的自主权。《清华大学“申请-审核”制实施办法》明晰了导师和院系在考核、遴选和推荐上的权力职责，同时确定了规范的流程及监管要求。

在博士生指导教师资格确认方面，不能论资排辈，要更看重教师的学术活力及研究工作的前沿性。博士生教育质量的提升关键在于教师，要让更多、更优秀的教师参与到博士生教育中来。清华大学从 2009 年开始探索将博士生导师评定权下放到各学位评定分委员会，允许评聘一部分优秀副教授担任博士生导师。近年来学校在推进教师人事制度改革过程中，明确教研系列助理教授可以独立指导博士生，让富有创造活力的青年教师指导优秀的青年学生，师生相互促进、共同成长。

在促进博士生交流方面，要努力突破学科领域的界限，注重搭建跨学科的平台。跨学科交流是激发博士生学术创造力的重要途径，博士生要努力提升在交叉学科领域开展科研工作的能力。清华大学于 2014 年创办了“微沙龙”平台，同学们可以通过微信平台随时发布学术话题、寻觅学术伙伴。3 年来，博士生参与和发起“微沙龙”12 000 多场，参与博士生达 38 000 多人次。“微沙龙”促进了不同学科学生之间的思想碰撞，激发了同学们的学术志趣。清华于 2002 年创办了博士生论坛，论坛由同学自己组织，师生共同参与。博士生论坛持续举办了 500 期，开展了 18 000 多场学术报告，切实起到了师生互动、教学相长、学科交融、促进交流的作用。学校积极资助博士生到世界一流大学开展交流与合作研究，超过 60% 的博士生有海外访学经历。清华于 2011 年设立了发展中国家博士生项目，鼓励学生到发展中国家亲身体验和调研，在全球化背景下研究发展中国家的各类问题。

在博士学位评定方面，权力要进一步下放，学术判断应该由各领域的学者来负责。院系二级学术单位应该在评定博士论文水平上拥有更多的权力，也应担负更多的责任。清华大学从 2015 年开始把学位论文的评审职责授权给各学位评定分委员会，学位论文质量和学位评审过程主要由各学位分委员会进行把关，校学位委员会负责学位管理整体工作，负责制度建设和争议事项处理。

全面提高人才培养能力是建设世界一流大学的核心。博士生培养质量的提升是大学办学质量提升的重要标志。我们要高度重视、充分发挥博士生教育的战略性、引领性作用，面向世界、勇于进取，树立自信、保持特色，不断推动一流大学的人才培养迈向新的高度。

邱勇

清华大学校长

2017 年 12 月 5 日

丛书序二

以学术型人才培养为主的博士生教育，肩负着培养具有国际竞争力的高层次学术创新人才的重任，是国家发展战略的重要组成部分，是清华大学人才培养的重中之重。

作为首批设立研究生院的高校，清华大学自20世纪80年代初开始，立足国家和社会需要，结合校内实际情况，不断推动博士生教育改革。为了提供适宜博士生成长的学术环境，我校一方面不断地营造浓厚的学术氛围，一方面大力推动培养模式创新探索。我校已多年运行一系列博士生培养专项基金和特色项目，激励博士生潜心学术、锐意创新，提升博士生的国际视野，倡导跨学科研究与交流，不断提升博士生培养质量。

博士生是最具创造力的学术研究新生力量，思维活跃，求真求实。他们在导师的指导下进入本领域研究前沿，吸取本领域最新的研究成果，拓宽人类的认知边界，不断取得创新性成果。这套优秀博士学位论文丛书，不仅是我校博士生研究工作前沿成果的体现，也是我校博士生学术精神传承和光大的体现。

这套丛书的每一篇论文均来自学校新近每年评选的校级优秀博士学位论文。为了鼓励创新，激励优秀的博士生脱颖而出，同时激励导师悉心指导，我校评选校级优秀博士学位论文已有20多年。评选出的优秀博士学位论文代表了我校各学科最优秀的博士学位论文的水平。为了传播优秀的博士学位论文成果，更好地推动学术交流与学科建设，促进博士生未来发展和成长，清华大学研究生院与清华大学出版社合作出版这些优秀的博士学位论文。

感谢清华大学出版社，悉心地为每位作者提供专业、细致的写作和出版指导，使这些博士论文以专著方式呈现在读者面前，促进了这些最新的优秀研究成果的快速广泛传播。相信本套丛书的出版可以为国内外各相关领域或交叉领域的在读研究生和科研人员提供有益的参考，为相关学科领域的发展和优秀科研成果的转化起到积极的推动作用。

感谢丛书作者的导师们。这些优秀的博士学位论文，从选题、研究到成文，离不开导师的精心指导。我校优秀的师生导学传统，成就了一项项优秀的研究成果，成就了一大批青年学者，也成就了清华的学术研究。感谢导师们为每篇论文精心撰写序言，帮助读者更好地理解论文。

感谢丛书的作者们。他们优秀的学术成果，连同鲜活的思想、创新的精神、严谨的学风，都为致力于学术研究的后来者树立了榜样。他们本着精益求精的精神，对论文进行了细致的修改完善，使之在具备科学性、前沿性的同时，更具系统性和可读性。

这套丛书涵盖清华众多学科，从论文的选题能够感受到作者们积极参与国家重大战略、社会发展问题、新兴产业创新等的研究热情，能够感受到作者们的国际视野和人文情怀。相信这些年轻作者们勇于承担学术创新重任的社会责任感能够感染和带动越来越多的博士生，将论文书写在祖国的大地上。

祝愿丛书的作者们、读者们和所有从事学术研究的同行们在未来的道路上坚持梦想，百折不挠！在服务国家、奉献社会和造福人类的事业中不断创新，做新时代的引领者。

相信每一位读者在阅读这一本本学术著作的时候，在吸取学术创新成果、享受学术之美的同时，能够将其中所蕴含的科学理性精神和学术奉献精神传播和发扬出去。

清华大学研究生院院长

2018 年 1 月 5 日

导师序言

近几十年来，无线通信技术已经深入社会生产和生活的方方面面，正在深刻地改变着社会生产方式和人类生活方式。但是无线通信技术也面临着巨大的挑战，日益紧张的频谱资源同快速增长的业务需求形成突出矛盾，为了提高频谱利用效率，各种新型信源编码、调制解调、信号处理的方式也日趋复杂。将无线通信扩展到毫米波频段是近年来无线通信技术的重要发展趋势之一，具有非常广阔的应用前景。

毫米波有其特定的物理特性，其更大的传播损耗往往需要采用定向传播，并且对遮挡敏感，需要进行特殊设计。牛勇博士的论文正是基于这样的背景，对毫米波无线通信的媒体接入控制算法进行了深入的研究，对空分复用机制、抗遮挡方向性 MAC 调度、接入回传联合调度等关键问题提出了一系列创新性的解决方案。

牛勇博士是一位具有创新精神的优秀青年学者，在攻读博士学位期间，他发表了多篇高水平的学术论文，其中多篇为 ESI 高被引论文。牛勇博士科研工作勤奋踏实，学风严谨，善于思考，不断拓展研究深度，曾获得博士研究生国家奖学金，其博士学位论文荣获清华大学优秀博士学位论文、中国电子学会优秀博士学位论文等荣誉。

金德鹏

清华大学电子工程系

2019 年 5 月 10 日

摘　要

由于具有丰富的频谱资源，毫米波通信已成为未来无线通信的重要组成部分和研究热点。相比于现有的低频段通信系统，毫米波通信具有更高的传播损耗。为了补偿高传播损耗，毫米波通信采用方向性天线实现高天线增益。在定向传输时，链路间的干扰降低，空分复用成为提升网络容量的一项关键技术。由于绕射能力弱，毫米波通信对遮挡比较敏感，需设计合理的抗遮挡策略来提高链路鲁棒性。为了解决以上关键问题，毫米波无线媒质访问控制（MAC）协议和网络架构研究需要新的思路。本书的研究内容及创新成果如下。

第一，在空分复用机制方面，提出多路多跳调度方案（MPMH）。MPMH 由三个启发式算法构成，分别用于传输路径选择、业务分配和传输调度。通过将业务流经过多条多跳的传输路径传输，不同路径上的链路可并行传输，空分复用的潜能被充分释放。在多种业务类型下的仿真表明，与 FDMAC 相比，MPMH 将流吞吐量和网络吞吐量分别提升了约 50% 和 52.48%。

第二，针对遮挡敏感问题，提出抗遮挡方向性 MAC 调度方案 BRDMAC。BRDMAC 采用中继的方式绕过障碍物，由中继选择算法和并行传输调度算法构成。通过对中继选择和并行传输调度进行联合优化，BRDMAC 在提高连接鲁棒性的同时也保证了传输的高效性。仿真结果表明，与现有方案相比，BRDMAC 具有更优的延迟和吞吐量性能，且具有良好的公平性能。

第三，在异构网络中的毫米波小区密集部署场景下，提出支持 D2D 传输的接入回传联合调度方案 D2DMAC。在 D2DMAC 中，路径选择准则决定了每条流是否经过 D2D 路径传输，而传输调度算法利用并行传输得到高效率的调度方案。通过邻近设备间的 D2D 传输，以及接入与回传链路的联合调度，D2DMAC 可明显提升网络的延迟和吞吐量性能。仿真结果表明，D2DMAC 具有接近最优的吞吐量和延迟性能，且明显优于现有的其他相关协议。

第四，通过将控制平面和数据平面分离，提出软件定义的毫米波无线网络架构。通过集中式的跨层控制，该架构可实现从物理层到网络层的智能全局网络控制，更好地解决空分复用、遮挡敏感等问题。本书还讨论了该架构存在的开放性问题和挑战，包括实现技术、网络状态信息的测量和集中控制算法。

关键词：毫米波通信; MAC 协议; 空分复用; 抗遮挡; D2D 通信

Abstract

With enormous amount of spectrum in the millimeter wave band, millimeter wave communications have become an important part of future wireless communications and a hot topic. Compared with existing communication systems using lower carrier frequencies, millimeter wave communications suffer from higher propagation loss. To combat high propagation loss, millimeter wave communications adopt directional antennas to achieve high antenna gain. Under directional transmissions, there is less interference between links, and spatial reuse (concurrent transmissions) can be enabled to improve network capacity significantly. Due to weak diffraction ability, millimeter wave communications are sensitive to blockage, and suitable anti-blockage strategies should be developed to improve the robustness of links. To address the key problems above in millimeter wave communications, new thinking on wireless MAC protocols and network architectures is needed. The main contributions of this dissertation can be summarized as follows.

First, in the aspect of spatial reuse, we propose a novel multiple paths multi-hop scheduling scheme, MPMH. MPMH consists of three heuristic algorithms respectively for the path selection, traffic distribution and transmission scheduling. By transmitting the traffic of flows through multiple multi-hop paths, concurrent transmissions of links on different paths can be enabled, and the potential of spatial reuse is fully unleashed. Simulations under various traffic patterns demonstrate that compared with FDMAC, MPMH increases flow and network throughput by about 50% and 52.48% on average, respectively.

Second, focusing on the blockage problem, we propose a blockage robust directional MAC scheduling scheme, BRDMAC. BRDMAC exploits the relays to steer around obstacles, and includes a relay selection algorithm and a scheduling algorithm. By optimize the relay selection and concurrent transmissions jointly, BRDMAC ensures the high efficiency of transmissions as well as improves the robustness of links. Extensive simulations demonstrate that BRDMAC outperforms existing protocols with regard to delay and throughput, and also has a good fairness performance.

Third, in the scenario of small cells in the millimeter wave band densely deployed in the heterogeneous networks, we propose a joint transmission scheduling scheme for the radio access and backhaul of small cells with device-to-device communications enabled, D2DMAC. In D2DMAC, a path selection criterion is designed to decide whether each flow is transmitted through the device-to-device path, while the transmission scheduling algorithm exploits concurrent transmissions to obtain efficient schedules. D2DMAC improves the network performance in terms of delay and throughput significantly by the direct device-to-device transmissions between nearby devices and joint scheduling of access and backhaul links. Simulation results demonstrate that D2DMAC achieves near-optimal performance in terms of delay and throughput, and outperforms other existing protocols significantly.

Finally, by separating the control plane and data plane, we propose a software-defined millimeter wave wireless network architecture. By centralized and cross-layer controlling, this architecture achieves intelligent and global controlling of the mobile network from the physical to network layer, and problems such as spatial reuse and anti-blockage can be better addressed. Open problems and challenges, including the implementation technology, network state information measurement, and centralized control algorithms, are also discussed.

Key words: millimeter wave communications; MAC protocols; spatial reuse; anti-blockage; D2D communications

主要符号对照表

AC	接入控制器(access controller)
ACK	确认(acknowledgement)
AoA	到达角(angle of arrival)
AP	接入点(access point)
AWGN	加性高斯白噪声(additive white Gaussian noise)
AWV	天线权重向量(antenna weight vector)
BER	误比特率(bit error rate)
BP	信标时期(beacon period)
BPSK	二进制相移键控(binary phase shift keying)
BRDMAC	抗遮挡方向性 MAC 协议(blockage robust directional MAC protocol)
BSS	基本服务集(basic service set)
CAP	竞争接入时期(contention access period)
CMOS	互补型金属氧化物半导体(complementary metal oxide semiconductor)
C-RAN	云无线接入网(cloud radio access network)
CSMA/CA	载波侦听多点接入/避免碰撞(carrier sense multiple access with collision avoidance)
CTAP	信道时间分配时期(channel time allocation period)
dB	分贝(decibel)
D2D	设备间直接通信(device-to-device communications)
D2DMAC	支持 D2D 通信的方向性 MAC 协议(D2D communications enabled directional MAC protocol)
DtDMAC	方向到方向 MAC 协议(directional-to-directional MAC)

EG	等增益分集方案 (equal-gain)
ER	专属区域 (exclusive region)
FDMAC	基于帧的方向性 MAC 协议 (frame based directional MAC protocol)
FSK	频移键控 (frequency shift keying)
Gbps	吉比特每秒 (Gigabits per second)
GC	贪心染色算法 (greedy coloring)
HCN	异构蜂窝网 (heterogeneous cellular network)
IPP	间歇泊松过程 (interrupted Poisson process)
LDPC	低密度奇偶校验码 (low density parity check code)
LOS	视距 (line-of-sight)
LTE	长期演进 (long term evolution)
MAC	媒质访问控制 (medium access control)
Mbps	兆比特每秒 (million bits per second)
MCS	调制编码方案 (modulation and coding scheme)
MDMAC	记忆导向的方向性 MAC 协议 (memory-guided directional MAC protocol)
MILP	混合整数线性规划 (mixed integer linear program)
MIMO	多输入多输出 (multiple-input multiple-output)
MINLP	混合整数非线性规划 (mixed integer nonlinear program)
MPMH	多路多跳传输调度方案 (multiple paths multi-hop scheduling scheme)
MRDMAC	多跳中继方向性 MAC 协议 (multihop relay directional MAC protocol)
MS	最大选择方案 (maximal selection)
MUI	多用户干扰 (multi-user interference)
NAV	网络分配向量 (network allocation vector)
NLOS	非视距 (non-line-of-sight)
OOK	通断键控 (on-off keying)
PNC	微微网协调器 (piconet coordinator)
QoS	服务质量 (quality of service)

QPSK	正交相移键控（quadrature phase shift keying）
RLT	线性转化技术（reformulation-linearization technique）
RRU	射频拉远单元（radio remote unit）
RSSI	接收信号强度指示（received signal strength indicator）
SDN	软件定义网络（software-defined network）
SIFS	短帧间间隔（short inter-frame space）
SINR	信干噪比（signal to interference plus noise ratio）
SNR	信噪比（signal to noise ratio）
TDMA	时分多址（time division multiple access）
TDoA	到达时间差（time difference of arrival）
WiFi	基于 IEEE 802.11b 标准的无线局域网（wireless fidelity）
WLAN	无线局域网（wireless local area network）
WN	无线节点（wireless node）
WPAN	无线个域网（wireless personal area network）

目录

第 1 章　绪　论

随着移动业务需求的爆炸式增长，容量需求和频谱短缺之间的矛盾越来越明显[1]，无线带宽的扩展成为下一代无线通信的关键挑战。另一方面，从 30 GHz 到 300 GHz 的毫米波频段具有丰富的频谱资源，可有效缓解容量需求和频谱短缺矛盾。目前，毫米波通信已成为下一代无线通信的重要组成部分。毫米波通信可提供数吉比特量级的通信服务，如高清电视和超高清视频[2,3]。毫米波通信大部分的研究集中于 28 GHz 频段、38 GHz 频段、60 GHz 频段和 E 波段（71~76 GHz 和 81~86 GHz），互补型金属氧化物半导体（complementary metal oxide semiconductor，CMOS）射频集成电路方面的迅猛发展为毫米波频段的电子产品铺平了道路[4–6]。同时，用于室内无线个域网（wireless personal area network，WPAN）或无线局域网（wireless local area network，WLAN）的多个国际标准，如 ECMA-387[7]、IEEE 802.15.3c[8] 和 IEEE 802.11ad[9,10]，已被制定。在毫米波蜂窝系统或毫米波室外网状网络方面，学术界、工业界和标准组织也表现出越来越多的兴趣[11–15]。

然而，毫米波通信与现有的微波频段（如 2.4 GHz 频段和 5 GHz 频段）的通信系统相比有很多差异，如高传播损耗、定向性、对遮挡敏感等。毫米波通信要克服物理层、媒质访问控制（medium access control，MAC）层、路由层中的很多挑战才能在未来无线通信中产生大的影响，应对这些挑战需要有网络架构和网络协议方面的全新思路和设计。本章 1.1 节总结了毫米波通信的主要特征，1.2 节介绍了毫米波通信的典型应用，1.3 节分析了毫米波无线网络中的关键问题和研究现状，1.4 节给出本书研究内容与结构安排。

1.1 毫米波通信的主要特征

1.1.1 无线信道特性

相比于低频段的通信系统，毫米波通信具有更大的传播损耗。毫米波传播的雨衰以及大气和分子吸收特性限制了毫米波通信的距离[16–18]，例如，60 GHz 频段附近存在氧气吸收峰，且变化范围为 15 dB/km 到 30 dB/km[19]。目前，随着小区半径缩小，频谱效率得到提高，雨衰和大气吸收并没有给半径在 200 m 左右的小区带来明显的附加路径损耗[20]。

在毫米波传播特性研究中，有不少工作专注于 60 GHz 频段[6, 21–29]。由于自由空间损耗正比于载波频率的平方，60 GHz 频段的自由空间损耗比 2.4 GHz 频段的高 28 分贝（decibels）[14]。文献 [30] 中的信道特性表明，非视距信道（non-kine-of-sight，NLOS）比视距信道（line-of-sight，LOS）具有更大的损耗。大尺度衰落 $F(d)$ 可建模为

$$F(d) = \mathrm{PL}(d_0) + 10\gamma \lg \frac{d}{d_0} - S_\sigma \tag{1.1}$$

其中，$\mathrm{PL}(d_0)$ 是在参考距离 d_0 处的路径损耗，γ 是路径损耗指数，S_σ 是阴影损耗，σ 是 S_σ 的标准差。表 1.1 列出在走廊、LOS 大厅和 NLOS 大厅中得到的路径损耗模型的统计参数[30]。可以看到，LOS 大厅的路径损耗指数为 2.17，而 NLOS 大厅的路径损耗指数为 3.01。为了补偿高传播损耗，毫米波系统中的收端和发端采用方向性天线来实现高天线增益。

表 1.1 路径损耗模型中的统计参数[30]

	$\mathrm{PL}(d_0)$/dB	γ	σ/dB
走廊	68	1.64	2.53
LOS 大厅	68	2.17	0.88
NLOS 大厅	68	3.01	1.55

在 60 GHz 频段的小尺度传播效应方面，多径效应在采用方向性天线后不明显。通过采用圆极化和窄波束宽度的接收天线，多径反射可被抑制[31, 32]。在 IEEE 802.11ad 标准中的会议室环境下的 LOS 信道模型中[9]，直接路径几乎包含了所有的能量，且几乎没有其他的多径分量存在。在这种情况下，信

道可建模为加性高斯白噪声信道（additive white Gaussian noise，AWGN）。而 NLOS 信道没有直接路径，且只有少量有重要能量的路径。为了实现高速率传输以及最大化功率效率[33]，LOS 信道传输是毫米波通信的主要方式。

在其他毫米波频段，如 28 GHz 频段、38 GHz 频段和 73 GHz 频段，也有大量的信道测量工作[34,35]。文献 [20] 给出 28 GHz 频段在都市环境下的信道特性，其中收发端的距离变化范围是 75 m 到 125 m。结果表明，LOS 信道的路径损耗指数为 2.55，而 NLOS 信道的路径损耗指数为 5.76。文献 [36] 给出 28 GHz 频段在纽约市环境中的穿透和反射测量结果。结果发现，有色玻璃和砖柱的穿透损耗分别为 40.1 dB 和 28.3 dB，而室内材料如清晰的非有色玻璃和干壁的穿透损耗相对低，分别只有 3.6 dB 和 6.8 dB。在反射方面，室外材料有更大的反射系数，而室内材料的反射系数更低。

表 1.2 总结了不同毫米波频段的传播特性，具体包括在 LOS 和 NLOS 信道下的路径损耗指数、在 200 m 处的雨衰和在 200 m 处的氧气吸收。可以看到，在 200 m 的距离，28 GHz 和 38 GHz 频段的雨衰和氧气吸收损耗较低，而 60 GHz 和 73 GHz 频段的雨衰和氧气吸收比较明显。另外，在所有频段，NLOS 信道比 LOS 信道都要有额外的传播损耗。

表 1.2　不同毫米波频段的传播特性

频段	路径损耗指数		200 m 处的雨衰/dB		200 m 处的氧气吸收/dB
	LOS	NLOS	5 mm/h	25 mm/h	
28 GHz	1.8~1.9	4.5~4.6	0.18	0.9	0.04
38 GHz	1.9 ~2.0	2.7~3.8	0.26	1.4	0.03
60 GHz	2.23	4.19	0.44	2	3.2
73 GHz	2	2.45~2.69	0.6	2.4	0.09

1.1.2　定向性

为了补偿强链路衰减，毫米波通信采用定向天线实现波束赋形来提高天线增益[37]，因而，毫米波链路具有定向性。由于毫米波波长短，电子扫描天线阵可实现为电路板上的金属模式[5,38,39]。通过控制每个天线元素所发射信号的相位，天线阵可将其波束对准任意方向，即在这个方向实现高增益，而在其他方向的增益很低。发射端和接收端通过波束训练将其天线互相对准，且多种波束训练算法已被提出，以降低所需的波束训练时间[40–42]。

1.1.3 遮挡敏感性

由电磁波理论可知，频率越高，波长越短，电磁波的绕射能力越弱。电磁波难以绕射通过尺寸明显大于波长的障碍物，例如，60 GHz 频段的链路对于人体和家具造成的遮挡很敏感，人体的遮挡可带来额外的 20~30 dB 的损耗。文献 [43] 给出有人类活动时室内环境中的传播测量结果，结果表明当有 1~5 个人时，信道被阻断的时间约有 1% 或 2%。考虑到人体的移动，毫米波链路是断断续续的。因此，为保证用户体验，提供可靠的网络连接对于毫米波通信来说是一个重大挑战。

1.2 毫米波通信的典型应用

1.2.1 无线个域网或无线局域网

为了满足爆炸式增长的移动业务需求，小区的大规模密集部署被提出，以实现到 2030 年 10 000 倍的网络容量增长[44–46]。将无线个域网或无线局域网部署在宏蜂窝之下成为提升无线网络容量的很有前景的解决方案。具有巨大带宽的毫米波小区可提供数吉比特量级的传输速率以及宽带多媒体服务，包括设备间高速数据传输（如照相机、智能手机、平板电脑和笔记本电脑）、压缩和无压缩高清电视实时播放、无线吉比特以太网、无线游戏等。由于频段高和具有大气吸收峰，60 GHz 频段的毫米波通信具有更高的链路衰减，更加适用于室内应用场景。目前已经制定的毫米波标准，如 IEEE 802.15.3c 和 IEEE 802.11ad，都针对 60 GHz 频段，且将毫米波通信应用于无线个域网或无线局域网。

1.2.2 蜂窝接入

毫米波频段的大带宽促进了毫米波通信在蜂窝接入方面的应用[13,20,47]。文献 [48,49] 表明，只要基础设施密集部署，毫米波蜂窝网便具有高覆盖和高容量的潜力。基于毫米波频段充分的传播测量活动，将毫米波通信应用于蜂窝接入的可行性和高效性已在 28 GHz 频段和 38 GHz 频段得到证实，小区半径在 200 m 的量级[20]。文献 [50] 表明，方向性天线基于任意指向角的容量增益要比 4G LTE（long term evolution，LTE）大 20 倍，且当方向性天线指向最强的发射和接收方向时，增益可进一步提高。文献 [51] 通过基于现有 60 GHz 无线设备的充分测量及系统级仿真，证实了 60 GHz 频段的毫米波通信用于室外微微蜂窝的可行性，并通过距离、反射衰减、对移动和遮挡的敏感性以及典型都市环境中的干扰分析，表明高容量的 60 GHz 室外微微蜂窝的部署没有根本的困难。由于位置邻近的 D2D 通信（device-to-device communications，D2D）能够节省功率且提高频谱效率，毫米波 5G 蜂窝系统应通过 D2D 通信来支持涉及发现邻近设备和与邻近设备通信的情境感知应用。图 1.1 给出支持 D2D 通信的毫米波 5G 蜂窝网架构。当蜂窝小区密集部

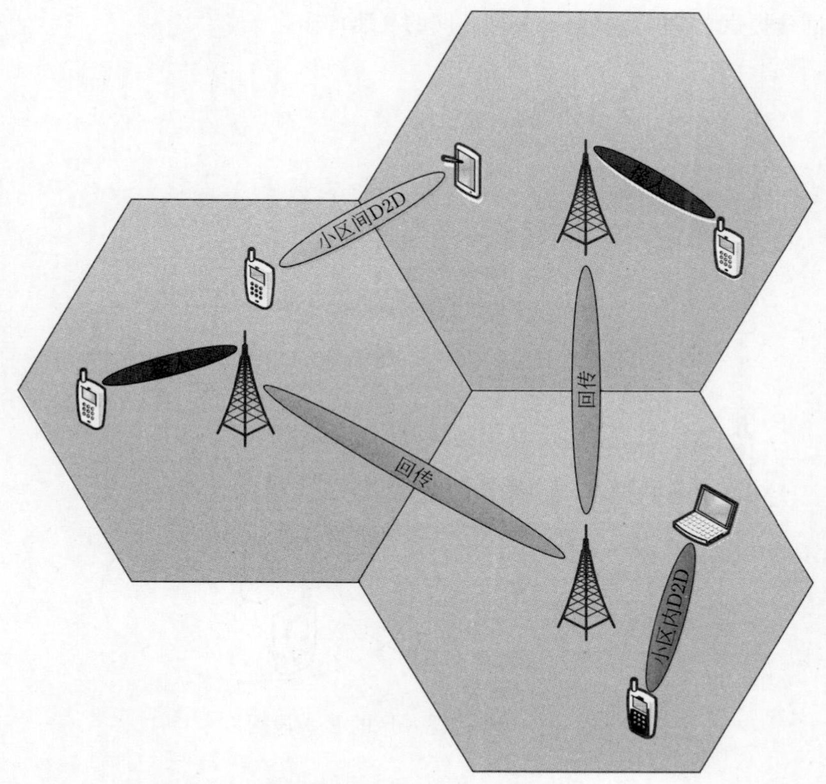

图 1.1　支持 D2D 通信的毫米波 5G 蜂窝网架构

署时，系统中有两种 D2D 模式，小区内 D2D 传输和小区间 D2D 传输[52]。当接入链路、回传链路、小区间 D2D 链路和小区内 D2D 链路都处于毫米波频段时，高效且灵活的无线资源管理方案，包括功率控制、干扰管理、传输调度、用户接入、用户关联等，将成为充分发挥毫米波通信潜能的关键。

1.2.3 无线回传

随着小区密集地部署，在未来无线通信系统中，基于光纤的回传将基站连接到其他基站或网络具有很高的成本[53]。相对而言，高速的无线回传更加灵活、成本更低、更容易部署。由于具有丰富的频谱资源，毫米波无线回传，如 60 GHz 频段和 E 波段（71~76 GHz 和 81~86 GHz），可提供吉比特每秒量级的速率，已成为很有前景的无线回传解决方案。如图 1.2 所示，E 波段无线回传提供了基站间和基站与网关间的高速传输。

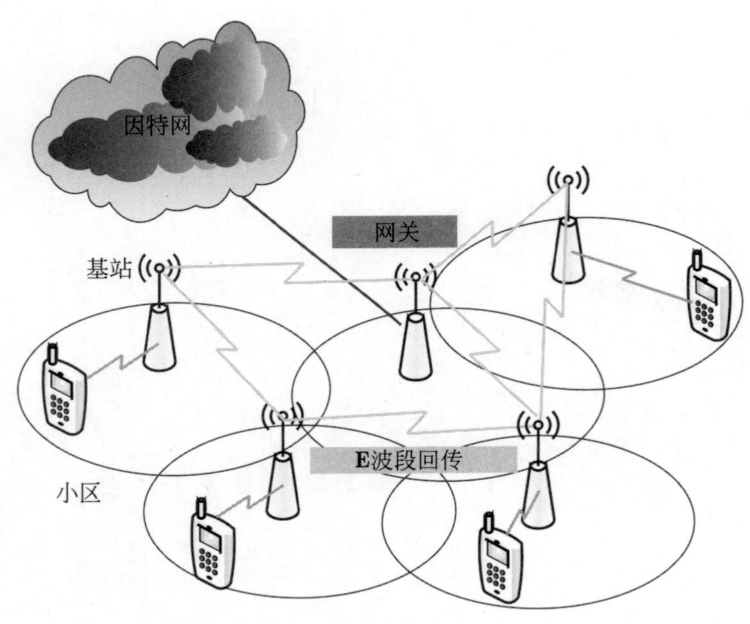

图 1.2　密集部署小区的 E 波段回传

1.3 毫米波无线网络关键问题与研究现状

1.3.1 空分复用

由于定向通信，毫米波链路间的干扰明显降低。文献 [54] 将 60 GHz 频段的室外网状网络中的高度方向性链路建模为伪线的（pseudowired），即不相邻链路间的干扰是可忽略的，且天线模式的细节也可在毫米波网状网的 MAC 协议设计中忽略。当链路间干扰降低时，多条链路可在同一个时隙并行地传输以最大化空分复用增益[55]；另一方面，由于定向传输，第三方节点无法实现基于 IEEE 802.11b 标准的无线局域网 (wireless fidelity, WiFi) 中的载波侦听以避免碰撞，这被称为聋问题[55]。因此，毫米波 MAC 协议设计需要考虑节点间的协调机制，并充分利用并行传输来提升网络容量[14]。

然而，在室内环境下，由于受限的距离，伪线假设并不准确，不相邻链路间的干扰不能忽略[56,57]。另一方面，为了克服受限的通信距离以及满足爆炸式增长的移动业务需求，公共和私人区域部署的接入点数量快速增长，例如，会议室需要部署很多接入点以提供无缝覆盖。在这种情况下，网络中的干扰可分为两部分，小区内的干扰和小区间的干扰[58]。在本书中，将接入点及其管理的无线节点的集合称之为基本服务集（basic service set，BSS），也称为小区。如图 1.3 所示，当小区 1 和小区 2 中的两条链路同时在时隙 t 通信时，由于 AP1 将其波束对准笔记本电脑，AP1 将对笔记本电脑产生干扰。如果它

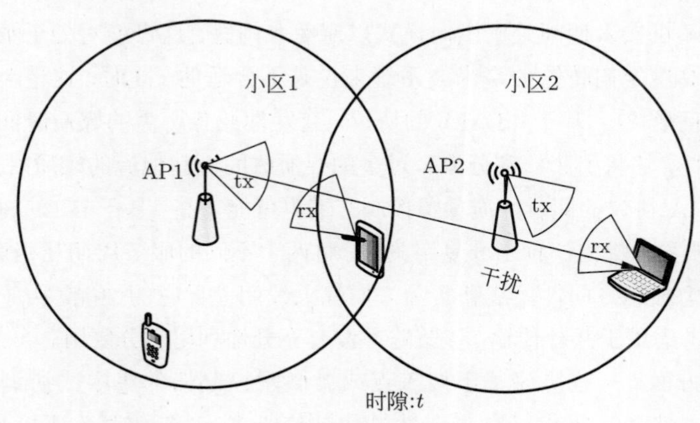

图 1.3　小区间干扰

们间的距离短的话，笔记本电脑的服务质量将明显下降。因而，为了避免干扰造成的网络性能恶化，干扰管理机制（如传输协调和功率控制）成为必需。完成干扰管理之后，并行传输（空分复用）可在小区内或小区间实现以提升网络性能[55, 56, 59]。

为了解决上述问题，目前已有一些毫米波无线 MAC 协议方面的相关工作。由于 ECMA-387 标准[7] 和 IEEE 802.15.3c 标准[8] 采用时分多址（time division multiple access，TDMA），许多工作都基于 TDMA[60, 61]。文献 [62] 引入专属区域的概念以实现并行传输，且在全向天线和方向性天线模型中推导了并行传输优于 TDMA 的专属区域条件。基于专属区域的随机化调度方案获得了明显的空分复用增益。然而，它在传输调度问题中仅考虑了二维空间，且没有考虑功率控制来管理干扰。在基于 IEEE 802.15.3c 标准的两种协议中，如果多用户干扰低于一定的阈值，多条链路将被调度于同一时隙通信[57, 63]。然而，它们没有抓住方向性天线的特性，且来自多条链路干扰的累积效应也没有考虑。文献 [56] 基于 IEEE 802.15.3c 无线个域网提出并行传输调度算法，其中不干扰和干扰的链路被调度来并行地传输，以最大化满足服务质量要求的流数。它可支持更多的用户，且明显提升了无线个域网中的资源利用效率。进一步，文献 [64] 提出多跳并行传输方案来解决链路中断问题和克服巨大路径损耗，以提升流吞吐量。它在二维的空间中分析了空分复用和时分多址增益。基于 IEEE 802.15.3c 标准，微微网协调器（piconet coordinator，PNC）根据跳选择指标为业务流选择合适的中继跳，且多跳并行传输方案也利用了空分复用。在基于 IEEE 802.15.3c 标准的协议中，微微网控制器在随机接入期间处于全向模式以避免聋问题，这可能对处于数吉比特域且采用高度定向传输的毫米波系统来说是不合适的，同时，这也会导致增益不对称问题[65]。基于 TDMA 的协议，突发性业务所需的媒质时间具有高度不确定性，这将引起一部分流有过多的媒质时间而其他流的媒质时间不足，基于 TDMA 协议的即时媒质预留控制开销也可能变高。基于 IEEE 802.11ad 标准，文献 [59] 提出一种空分复用策略，将两个不同的服务周期互相重叠，并分析了考虑理想方向性天线和实际方向性天线间差异时的性能。由于仅有两条链路被考虑用于并行传输，该策略并没有充分地利用空分复用。

另一方面，一些协议基于接入点或微微网控制器的集中式协调提供接入服务。文献 [66] 提出一种方向性的载波侦听多点接入/避免碰撞（carrier sense multiple access with collision avoidance，CSMA/CA）协议，利用虚拟载波侦听来解决聋问题。网络分配向量（network allocation vector，NAV）信息由 PNC 发布。然而，空分复用没有被充分利用来提升网络容量。文献 [55] 提出基于帧的方向性 MAC 协议（frame based directional MAC protocol，FDMAC）。FDMAC 通过将调度开销分摊到连续的多组并行传输以实现高传输效率。FDMAC 的核心贪心染色算法，较充分地利用了空分复用。与多跳中继方向性 MAC 协议（multihop relay directional MAC protocol, MRDMAC）[33] 和记忆导向的方向性 MAC 协议（memory-guided directional MAC protocol，MDMAC）[67] 相比，FDMAC 明显提升了网络吞吐量。同时，FDMAC 也有很好的公平性和低的复杂度。然而，FDMAC 在无线个域网中采用伪线的干扰模型，这一假设由于范围受限并不合理。文献 [68] 提出一种方向性协作 MAC 协议来协调 IEEE 802.11ad 标准无线局域网中设备间的上行链路信道接入。其中，从源节点到目的节点的具有高信道质量的两跳传输路径将替代低信道质量的直接路径（从源节点到目的节点的链路）。通过两跳中继，该协议明显地提升了系统吞吐量。然而，由于大部分传输通过接入点，该协议也没有考虑空分复用。文献 [69] 提出一种增量多播分组方案以最大化设备的和速率，其中自适应的波束宽度依据多播设备的位置生成。基于 IEEE 802.11ad 标准的仿真结果证实，与传统多播方案相比，该方案可将整体的吞吐量提升 28%~79%。文献 [70] 采用粒子群优化方法来做 IEEE 802.11ad 中多种多媒体应用的信道时间分配，该方法被证实即使在阻断发生时也可成功地分配资源。

对于 60 GHz 频段的室外网状网络，文献 [67] 基于伪线假设提出 MDMAC，该协议嵌入马尔可夫状态转移图来缓解聋问题。MDMAC 利用记忆实现近似的时分多址调度方案，且没有充分利用空分复用。另一个用于方向性毫米波网络的分布式 MAC 协议是方向到方向 MAC 协议（directional-to-directional MAC，DtDMAC）。其中，发射端和接收端都运行在定向模式，解决了增益不对称问题[65]。DtDMAC 采用指数避退程序实现异步操作，可通过马尔可夫状态转移图缓解聋问题。DtDMAC 是完全分布式的，不要求同步。然而，它没有抓住毫米波无线信道的特性，且只给出 DtDMAC 的解析网络吞吐量。

表 1.3 按照几个关键属性比较了几种典型的 MAC 协议。从表中可看到

每种协议各有优缺点，需要设计更加高效且鲁棒的协议来充分利用空分复用以及克服遮挡问题。为了实现更好的网络性能，集中式的协议更具优势。另外，大部分的协议仅针对单个小区的情形，没有考虑密集部署时不同小区间的干扰。

表 1.3 毫米波通信 MAC 协议比较

	基于 TDMA	空分复用	集中式或分布式
方向性 CSMA/CA [66]	否	未指明	集中式
MRDMAC [33]	否	未指明	集中式
MDMAC [67]	否	不支持	分布式
FDMAC [55]	否	支持	集中式
D-CoopMAC [68]	否	未指明	集中式
REX [62]	是	支持	集中式
空间共享 [59]	否	支持	集中式
MHCT [64]	是	支持	集中式
STDMA [56]	是	支持	集中式
VTSA [57]	是	支持	集中式
空分复用 TDMA [60]	是	支持	集中式
DtDMAC [65]	否	支持	分布式
CTA-PSO [70]	否	未指明	集中式

1.3.2 抗遮挡

文献 [71] 估计了办公室环境中接入点与终端间的传播路径可视性，其中人体的遮挡时有发生。要完美地避免人体的阴影效应，如果不通过多接入点分集方式，则需要部署大量的接入点。然而，仅通过两个接入点间的分集切换可提供 98% 的传播路径可视性。文献 [72] 分析了典型室内环境中人体随机活动下的链路阻断概率。接入点放置在天花板上，且这个工作主要针对接入点和用户设备间的链路。结果表明，随着用户设备移动到服务区域的边缘，链路的阻断概率几乎线性增长。当支持用户设备间的通信时，用户间链路的阻断问题也应被考虑。

为了保证网络连接的鲁棒性，从物理层到网络层的不同抗遮挡策略已被提出。文献 [73] 利用墙面或其他表面的反射来绕过障碍物，文献 [74] 采用静态的反射器来保证阻断发生时整个室内的覆盖。但是采用反射会引起额外的功率损耗，降低功率效率。此外，节点位置和环境也对反射抗遮挡的有效性有很大的影响。文献 [75] 通过将波束路径从 LOS 链路切换到 NLOS 链路解决了链路阻断问题。文献 [76] 提出一种空间分集方案，等增益分集方案（equal-gain，EG），其中沿着多条最强传播路径的波束在波束赋形过程中同时形成。当最强路径被障碍物阻断，剩余的路径可用来保证可靠的网络连接。这个方法增加了波束赋形过程的复杂度和开销，且 NLOS 传输也会遭受更大的信道衰减。文献 [77] 通过追踪阴影过程，提出一种次优的空间分集方案，称为最大选择方案（maximal selection，MS）。该方案在链路余量方面胜过等增益分集方案，且节省了计算复杂度。

另一类抗遮挡策略是采用中继来维持连接性[33, 78]。MRDMAC 通过 PNC 的加权循环调度算法克服聋问题[33]。在 MRDMAC 中，如果一个无线终端节点由于阻断而失去联系，接入点将从有联系的无线终端中选择一个终端作为失去联系节点的中继。通过多跳 MAC 架构，MRDMAC 可为典型的办公室环境提供连接的鲁棒性。由于大部分传输经过 PNC，因此 MRDMAC 没有考虑并行传输。文献 [79] 利用两跳中继提供阻断情况下的可替代通信链路，从一条链路的中继到目的节点的传输，被调度与另一条链路从源节点到中继的传输同时发生，以提高吞吐量和延迟性能。然而，方案中仅有两条链路被用于并行传输，空分复用没有被充分利用。通过部署多个接入点，接入点间的越区切换可解决链路阻断问题。文献 [80] 利用多接入点分集克服链路阻断问题。多接入点架构中的接入控制器实现多接入点分集，即当一条无线链路被阻断时，另一个接入点将被选择来完成剩余的传输。为了保证有效性，多个接入点需要部署，且它们的位置对鲁棒性和效率有很大的影响。在路由层，文献 [81] 利用多路径路由来增强 60 GHz 室内网络中优质视频业务的可靠性。

表 1.4 将抗遮挡的相关工作根据所采用的方法及方法所在的层进行分类总结。

1.3.3　动态性

用户移动性给毫米波通信带来几方面的挑战。

首先，用户移动将带来信道状态的明显变化。当用户移动时，发射端和接收端的距离发生变化，信道状态也相应变化。采用文献 [82] 中的物理层参数，

表 1.4 抗遮挡相关工作总结

抗遮挡策略	所在层	参考文献
反射或 NLOS 传输	物理/MAC	[73–77]
中继	物理/MAC	[33, 78, 79]
多接入点分集	MAC	[80]
多路径路由	路由	[81]

假定发射端和接收端间采用 LOS 传输，根据香农公式得到收发端间不同距离时的信道容量，如表 1.5 所示。可以看到，信道容量随距离变化非常明显。因此，调制编码方案应该根据信道状态进行选择，以充分发挥毫米波通信的潜力[83]。

表 1.5 不同收发端距离下的信道容量

距离/m	1	2	4	6	8	10
容量/Gbps	16.02	12.51	9.05	7.08	5.74	4.75

其次，由于毫米波小区的覆盖范围小，用户移动将引起小区内负载快速且明显的变化[84]。因而，需要智能地实现用户关联与接入点间的越区切换以达到负载均衡。毫米波通信的现有标准，如 IEEE 802.11ad 和 IEEE 802.15.3c，均采用接收信号强度指示（received signal strength indicator，RSSI）来进行用户关联，可能会导致资源的低效利用[85–87]。将负载、信道质量和 60 GHz 无线信道特性考虑在内，文献 [88] 基于拉格朗日对偶理论和次梯度方法设计了一种分布式的关联算法。该算法被证明是渐近最优的，且在快速收敛性、可扩展性、时间效率和公平执行方面胜过基于 RSSI 的用户关联策略。

最后，用户移动会带来接入点间频繁的越区切换。越区切换机制对服务质量保证、负载均衡和网络容量有很大的影响。例如，平滑的越区切换可减少连接中断和乒乓效应（同一对接入点间的多次越区切换）。然而，针对毫米波频段越区切换机制的工作还相对缺乏。

1.4 主要研究内容与章节安排

本书针对毫米波无线网络 MAC 层关键问题展开研究，重点研究了空分复用机制、抗遮挡策略、毫米波 D2D 通信以及软件定义的无线网络架构。首先，本书针对媒质接入时间长的流导致的时隙资源利用率低的问题进行研究，利用多路多跳传输充分发挥空分复用潜能。然后，针对遮挡敏感问题，本书通过联合优化中继选择与并行传输调度，在提高链路鲁棒性的同时保证传输的高效性。接着，在异构网络中毫米波小区密集部署场景下，当接入与回传都采用毫米波通信时，本书将接入链路与回传链路联合调度，并通过邻近设备间的 D2D 通信提升网络性能。最后，考虑到解决关键问题的每种方案的优势与不足，本书借鉴软件定义网络的思想，提出软件定义的毫米波无线网络架构，通过集中式的跨层控制，灵活智能地解决毫米波无线网络中的关键问题。

本书各章内容之间的关系如图 1.4 所示。本书第 1 章重点指出毫米波无线网络关键问题，即空分复用、抗遮挡和动态性。为了解决关键问题，本书从网络架构和关键技术两个方面展开研究。在关键技术方面，并行传输调度贯穿第 2 章、第 3 章和第 4 章。第 2 章利用多路多跳传输充分释放不同传输路径上的空分复用潜能。第 3 章通过中继的方式克服遮挡问题，并优化中继选

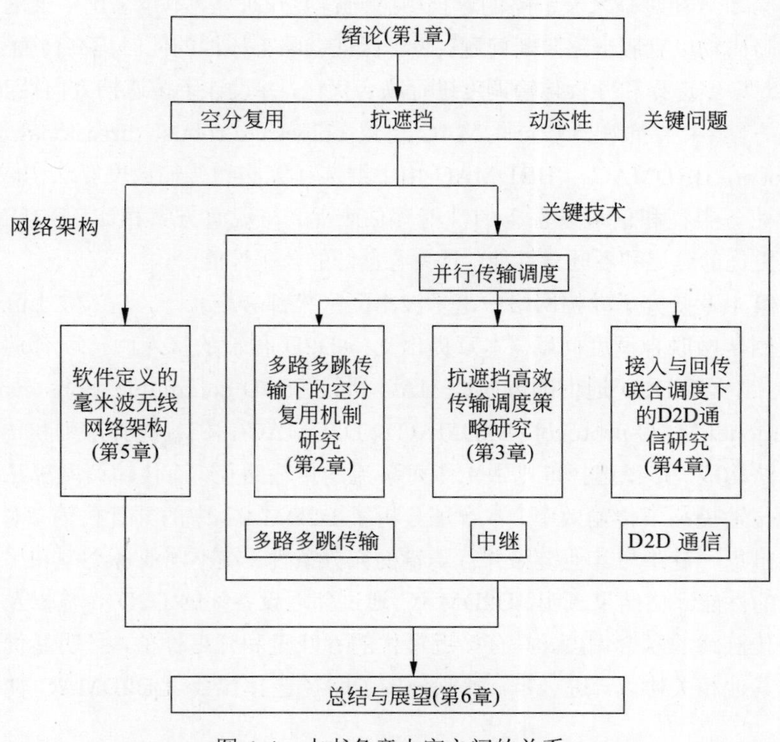

图 1.4　本书各章内容之间的关系

择以最大化空分复用增益。第 4 章采用 D2D 通信充分发挥邻近设备间通信的优势。第 5 章提出软件定义的毫米波无线网络架构，通过集中跨层的网络控制更好地解决关键问题。最后，第 6 章总结了全书贡献点，并对未来研究方向作出展望。具体而言，本书的研究内容和章节安排如下。

第 2 章研究利用多路多跳传输提升媒质接入时间长的流的延迟和吞吐量性能。通过将业务流经过多路多跳传输路径传输，多条路径上的链路可并行传输来提升传输效率。首先，多路多跳传输调度问题被建立为混合整数线性规划。其中，并行传输的条件为每条链路的信干噪比（signal to interference plus noise ratio，SINR）可支持其传输速率。然后，本章提出低复杂度的多路多跳传输方案 —— 多路多跳传输调度方案（multiple paths multi-hop scheduling scheme，MPMH）。该方案由三个启发式算法构成，分别用于传输路径选择、业务分配和传输调度。最后，本章通过充分的仿真验证了 MPMH 接近最优的网络性能，与其他现有方案相比具有明显的性能优势。

第 3 章针对毫米波链路的遮挡敏感问题展开研究。本章采用中继的方式绕过障碍物以克服链路阻断问题。为了保证链路鲁棒性的同时提高传输效率，本章对中继选择和并行传输调度进行联合优化，并设计了抗遮挡方向性 MAC 调度方案 —— 抗遮挡方向性 MAC 协议（blockage robust directional MAC protocol，BRDMAC）。BRDMAC 由中继选择算法和传输调度算法构成。在多种业务类型和信道条件下的性能评估表明，与现有方案相比，BRDMAC 具有更优的延迟和吞吐量性能，且具有良好的公平性能。

第 4 章研究了异构网络中毫米波小区密集部署场景下，毫米波小区的接入与回传网联合调度问题。本章提出支持 D2D 传输的接入回传联合调度方案 —— 支持 D2D 通信的方向性 MAC 协议（D2D communications enabled directional MAC protocol，D2DMAC）。D2DMAC 由路径选择准则和传输调度算法构成。路径选择准则决定了每条流的传输路径，而传输调度算法通过并行传输提高了传输效率。本章还分析了 D2DMAC 中的并行传输条件，且推导出每一链路与其他链路并行传输的充分条件。在不同业务类型和用户分布下的性能评估结果表明，D2DMAC 通过邻近设备间的 D2D 传输以及接入与回传链路的联合调度，具有接近最优的吞吐量和延迟性能，且明显优于现有的其他相关协议。进一步，本章分析了路径选择参数对 D2DMAC 性能的影响。

第 5 章提出软件定义的毫米波无线网络架构。该架构将控制平面和数据平面分离。其中，控制平面由中心控制器和本地代理构成。中心控制器实现对网络的集中全局跨层控制，本地代理实现更具时效性的本地控制。通过集中式的跨层控制，该架构可实现从物理层到网络层的智能全局网络控制，更好地解决空分复用、遮挡敏感、动态性等关键问题。本章进一步讨论了该架构中的开放性问题与挑战，包括实现技术、网络状态信息测量和集中控制算法。

第 6 章总结了本书的研究工作，并指出毫米波通信的未来研究方向。

第 2 章　多路多跳传输下的空分复用机制研究

2.1　引言

由于频点高，毫米波通信具有更高的传播损耗。例如，60 GHz 频段的自由空间传播损耗要比 2.4 GHz 频段的高 28 dB [14]。为了克服强信道衰减，基于方向性天线的波束赋形技术已成为毫米波通信的必要技术 [40,41,89]。经过波束赋形，收发端搜索得到用于传输的最佳天线权重向量（antenna weight vector，AWV）。另一方面，定向性降低了链路间的干扰，多条链路的并行传输（空分复用）可被用来显著提升网络容量。在传输调度时，低信道质量的流，或者具有明显更高业务需求的流，将占用更多的网络资源（如时隙）。在这种情况下，这些资源由于被这样的流独占，无法被高效地用于并行传输，导致系统性能显著变差。因而，需要更高效的传输机制来解决这种情况下的系统性能变差问题。例如，在文献 [64] 中，一个长距离跳的业务流通过多个短距离跳传输以提升流吞吐量。类似地，在文献 [68] 中，如果存在中继节点可使源节点到中继的链路和中继到目的节点的链路都比直接链路（源节点到目的节点的链路）具有更高的传输速率，直接链路将被这条两跳的传输路径取代。另一方面，对于支持高吞吐量应用的流，如高清电视，基于 TDMA 的协议需要更多的时隙来满足其吞吐量要求，导致分配给其他流的时隙将不足，带来严重的不公平问题。另外，这样的协议每次调度的流的数量将很小。因此，充分利用空分复用提升支持高吞吐量应用的流的吞吐量，同时实现更高的系统性能是一个重要而且富有挑战性的问题。

最近，混合波束赋形技术被提出以获取 MIMO 技术（multiple-input

multiple-output，MIMO）的复用增益，同时提供高波束赋形增益来克服毫米波频段的高传播损耗[90]。混合波束赋形技术通过设计数字预编码器和模拟波束赋形器建立多条射频链路，来获得 MIMO 的空间复用增益[91,92]。为了提升低信道质量流或高业务需求流的吞吐量，将这些流通过多个路径并行地传输，类似于混合波束赋形结构中的多条射频链路，这将是解决上述系统性能恶化问题的一种有效方式。

受混合波束赋形中空间复用结构的启发，本章提出一种新颖的多路多跳调度方案（MPMH）以充分发挥空分复用的潜能。通过将媒质接入时间长的流（信道质量差的流或业务需求高的流）经过多条多跳路径传输（这些传输路径上的链路可并行传输），进一步释放空分复用的潜能，提升流和网络的延迟和吞吐量性能。本章的贡献可归纳为以下三点。

首先，多路多跳传输调度问题被建立为混合整数线性规划（mixed integer linear program，MILP），即通过多路多跳传输以最少的时隙满足所有流的业务需求。在规划中，我们充分考虑了基于信干噪比的干扰模型下的并行传输（空分复用）。

其次，本章提出高效且实用的多路多跳传输方案 MPMH，得到接近最优解的传输方案。MPMH 由三个启发式算法构成，分别用于传输路径选择、业务分配和传输调度。在传输调度算法中，并行传输的条件为每条链路的信干噪比可支持其传输速率。

最后，多种业务模式下的性能评估证实了 MPMH 接近最优的网络性能，以及优于其他现有方案的延迟和吞吐量性能。同时，本章进一步探究了 MPMH 在不同的路径最大跳数下的性能，为这个参数在实践中的选择提供了参考。

2.2 相关工作

近年来，已有不少针对毫米波频段的研究，特别是 60 GHz 频段的传输调度问题[33,55–57,59–64,66,68,93]。由于 ECMA-387 标准[7] 和 IEEE 802.15.3c 标准[8] 采用时分多址方案（TDMA），一些工作也基于 TDMA[56,57,60–63]。在基于 IEEE 802.15.3c 标准的两个协议中，当多用户干扰（multi-user interference，MUI）低于一定阈值时，多条链路被调度于同一时隙通信[57,63]。文献 [62]

为并行传输引入专属区域（exclusive region，ER）的概念，且推导了并行传输胜过 TDMA 的专属区域条件。文献 [56] 基于 IEEE 802.15.3c 标准的室内无线个域网（WPAN）提出并行传输调度算法，其中互不干扰的和存在干扰的链路并行地传输，以最大化满足服务质量要求的流的数量。进一步，多跳并行传输方案被提出用来解决链路中断问题，同时需要克服高路径损耗，以提升流吞吐量[64]。然而，该方案仅将业务通过一条路径上的多跳传输，没有利用多条路径上的并行传输来提升流吞吐量和网络吞吐量。在 IEEE 802.15.3c 标准的随机接入期间，微微网控制器处于全向模式以解决聋问题，这一点对于采用高度定向传输处于数吉比特域的毫米波系统可能是不可行的。对于突发性业务，如间歇泊松过程业务（interrupted Poisson process，IPP），基于 TDMA 的协议可能导致一些用户有过多的媒质接入时间，而其他用户的媒质接入时间不足。

另外，还有一些工作通过中心控制器协调无线个域网中的传输[55, 59, 66, 68]。文献 [66] 提出方向性载波侦听多点接入/避免碰撞（CSMA/CA）协议，主要集中于解决聋问题。它采用虚拟载波侦听，且依靠微微网协调器（PNC）分发网络分配向量（NAV）信息。然而，它没有充分利用空分复用及多路多跳传输来提升网络性能。文献 [59] 在 IEEE 802.11 ad 标准的无线个域网场景中提出一种空分复用策略，将两个不同的服务周期互相重叠。最近，文献 [55] 提出基于帧的方向性 MAC 协议 FDMAC。FDMAC 通过将调度开销分摊到多组连续的并行传输以提高效率。与 MRDMAC[33] 和 MDMAC[67] 相比，FDMAC 中的贪心染色算法充分利用空分复用明显地提升了网络吞吐量。FDMAC 也具有公平性好和低复杂度的优势。然而，FDMAC 没有考虑利用多路多跳传输来提高媒质接入时间长的流吞吐量。文献 [68] 提出方向性协作 MAC 协议 D-CoopMAC，可以协调 IEEE 802.11ad 标准无线局域网的无线终端间上行链路信道的接入。在 D-CoopMAC 中，链路的多速率特性被利用为直接链路选择中继站；当源到目的的两跳链路胜过直接链路时，后者将被前者取代。然而，由于大部分传输经过接入点进行，D-CoopMAC 没有考虑空分复用。上述大部分工作忽略了媒质接入时间长的流对网络性能的负面效应，且没有利用多路多跳传输来释放空分复用的潜能。

还有一些基于最大独立集和协议模型的调度方案，基于协议模型的调度将干扰建模为干扰图，每个顶点代表无线网络的一条链路[94–96]。如果两条链路无法被调度来并行传输，相应的顶点间将形成一条边。这个简单的干扰模型没有考虑毫米波链路的特性，如方向性。文献 [97] 为任意网络中的单时隙链路调度提出一种常数近似算法，它采用了信干噪比干扰模型，即如果接收到的信干噪比超过某一阈值时，传输就认为是成功的。然而，它没有考虑毫米波链路的方向性，且干扰仅与节点在二维欧氏空间中的距离有关。另外，所有链路的信干噪比阈值都相同，这对于毫米波链路也不太合理。据我们所知，本章首次在基于信干噪比的干扰模型下，利用多路多跳传输更加充分地发挥空分复用潜能，提升网络性能。

2.3 系统概述

2.3.1 系统模型

一个典型的 60 GHz 频段室内无线个域网系统，由若干无线节点（wireless node，WN）和接入点（access point，AP）构成。AP 完成其他节点的时钟同步，且调度所有节点的媒质接入以满足它们的业务需求。WN 和 AP 都由电子可控的方向性天线通过波束赋形支持 WN 间和 WN 与 AP 间的方向性传输。系统时间划分为互不重叠的等长时隙。每个设备通过系统中运行的引导程序获得最新的网络拓扑和其他设备的位置信息，利用此信息，设备间的波束赋形可在较短时间内完成。此时，每个设备可将其天线对准其他设备。

假设网络中有 V 条流存在业务需求。流 v 的业务需求记为 d_v，且数值上 d_v 等于流 v 要发送的数据包的数量。对于 60 GHz 无线信道，非视距（NLOS）传输比视距传输具有更强的衰减[30, 98]。在文献 [30] 中，在 LOS 大厅的路径损耗指数为 2.17，而在 NLOS 大厅的路径损耗指数为 3.01。因而，如果发送端和接收端的距离为 10 m，LOS 大厅和 NLOS 大厅的路径损耗差距约为 10 dB。在功率受限区域，10 dB 的功率损耗需要传输速率降低为 1/10 以保持相同的可靠性。另一方面，60 GHz 频段的 NLOS 传输也有多径缺乏的问题，而且由于 LOS 径最强，LOS 传输可以最大化功率效率[33]。为了实现高速率传输和最大化功率效率，在本章考虑方向性 LOS 传输的情况。每一方向性链路 i 的发送端和接收端分别记为 s_i 和 r_i。根据文献 [56] 中的路径损耗模

型，接收到的信号功率 P_r 可表示为

$$P_r = k_0 P_t l_{s_i r_i}^{-\gamma} \tag{2.1}$$

其中，P_t 是发射功率（mW），$k_0 = 10^{\mathrm{PL}(d_0)/10}$ 为对应参考路径损耗 $\mathrm{PL}(d_0)$（dB）的常数比例因子（d_0 等于 1 m），$l_{s_i r_i}$ 是节点 s_i 和节点 r_i 间的距离（m），γ 是路径损耗指数[56]。

记流 v 的直接链路（源节点到目的节点的链路）的传输速率为 c_v，且数值上 c_v 等于该链路可在一个时隙内发送的包的数量。链路的传输速率由信道传输速率测量程序得到[99,100]。在此程序中，每条链路的发送端首先发送测量包给接收端。在测得这些包的信噪比后，接收端得到可达到的传输速率，并且通过信噪比与调制编码方案间的对应关系得到合适的调制编码方案（modulation and coding scheme，MCS）。在相对低的用户移动性下，此程序将被周期性地执行，以周期性地更新链路的传输速率。

定向传输使得链路间的干扰降低，且链路的并行传输可提高网络容量。由于毫米波无线个域网范围受限，链路间的干扰不能忽略[62]。因而，采用基于信干噪比的干扰模型[56,97]。对于链路 i 和链路 j，从 s_i 到 r_j 接收到的功率为

$$P_r^{i,j} = f_{s_i,r_j} k_0 P_t l_{s_i r_j}^{-\gamma} \tag{2.2}$$

其中，f_{s_i,r_j} 表明 s_i 和 r_j 是否将它们的波束互相对准。如果是，则 $f_{s_i,r_j} = 1$；否则，$f_{s_i,r_j} = 0$。在 r_j 处接收到的信干噪比 SINR_j 可表示为

$$\mathrm{SINR}_j = \frac{k_0 P_t l_{s_j r_j}^{-\gamma}}{W N_0 + \rho \sum\limits_{i \neq j} f_{s_i,r_j} k_0 P_t l_{s_i r_j}^{-\gamma}} \tag{2.3}$$

其中，ρ 是与来自不同链路信号的互相关有关的多用户干扰因子，W 是带宽（Hz），N_0 是高斯白噪声的单边功率谱密度（mW/Hz）[56]。对于每一链路 j，支持其传输速率 c_j 的最低信干噪比记为 $\mathrm{MS}(c_j)$。因此，如果每一链路 j 的信干噪比大于或等于 $\mathrm{MS}(c_j)$，多条链路的并行传输可被支持。

在 MPMH 中，采用基于传输帧的调度方案，在图 2.1 中说明。节点 A 是 AP，其他的节点是 WN。在 MPMH 中，时间被划分为一系列互不重叠的传输帧[55]，每个传输帧由调度部分和传输部分组成。在调度部分，所有 WN 将它们的天线对准 AP 后，AP 依次轮询各 WN 它们的业务需求，用时 t_{poll}。

然后，AP 计算得到调度方案来满足业务需求，用时 t_{sch}。最后，AP 将调度方案推送给 WN，用时 t_{push}。在传输部分，所有的设备按照调度方案互相通信，直到它们的业务需求被满足。通过在传输部分实现多路多跳传输，可更加充分地利用空分复用来提高网络吞吐量和流吞吐量，而这由得到的调度方案决定。

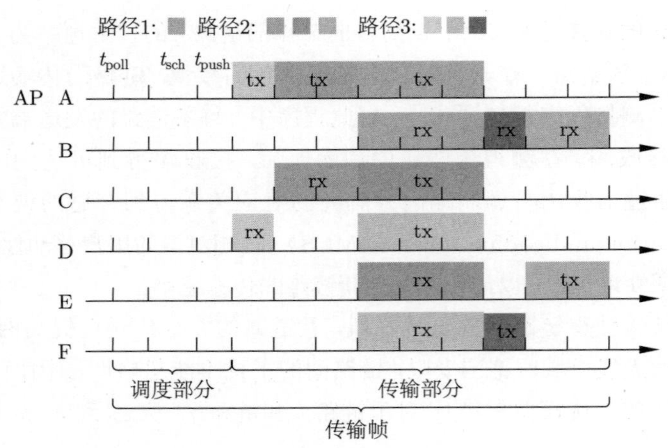

图 2.1 MPMH 传输帧 (见文前彩图)

2.3.2 问题概述

对于直接链路信道质量差的流或具有高业务需求的流，它们的业务可通过多条路径传输来释放这些路径上链路的空分复用潜能。同时，所有流的业务需求应被以最少量的时隙满足以最大化传输效率。

下面，给出例子来说明 MPMH 的操作流程和基本思路。假定一个 6 节点的无线个域网，记为 A，B，C，D，E 和 F，如图 2.2 所示。节点间方向性边上的数字代表相应链路的传输速率，且数值上等于这些链路在一个时隙内可发送的包的数量。如果从 A 到 B 的流有 18 个包要发送，由于 A 到 B 的链路 1 个时隙可发送 1 个包，传输部分需要 18 个时隙来满足流 A 到 B 的业务需求。而在 MPMH 中，选择三条从 A 到 B 的传输路径，即 A → B（路径 1），A → C → E → B （路径 2）和 A → D → F → B（路径 3）。然后，分配 3 个包到路径 1，9 个包到路径 2，6 个包到路径 3。之后，MPMH 计算得到一个调度方案，如图 2.1 所示，其中，每个有色方块代表一个时隙。这个调度方案有 5 个传输阶段，且在第 3 个传输阶段，链路 A → B，C → E 和 D → F 并行传输，占用 3 个时隙。这个调度方案只用 9 个时隙清空从 A 到 B 的包。可以看到，将流通过多个传输路径传输，且利用不同路径上链路的并行传输可明显提高传输效率。

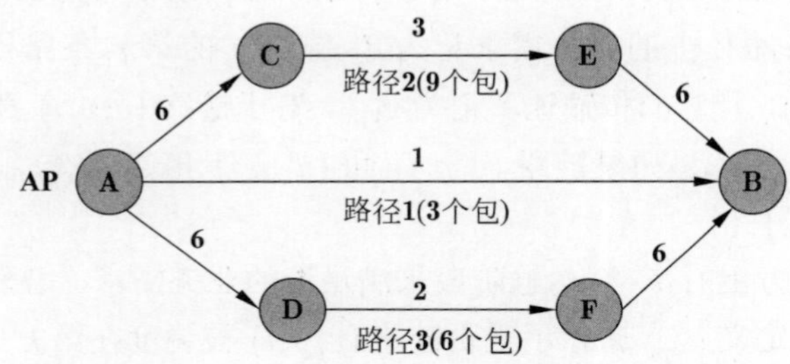

图 2.2　MPMH 的传输路径

2.4　问题建立

在本节，将多路多跳最优调度问题建立为混合整数线性规划（MILP）。

从业务需求轮询中，假定有 V 条流要被 AP 调度。直接链路传输速率低或业务需求很高的流需要更多的时隙来满足业务需求。结果是，这些多余时隙无法被用于空分复用，会明显影响系统性能。因而，直接链路传输速率低或业务需求很高的流应具有更高的优先权在多个路径上传输，以更好地利用空分复用。下面将提出一个准则来决定流是否需要通过多个路径传输。

对于每条流 v，定义其业务需求密度为相对长时间内平均到达的业务需求量，记为 $\overline{D_v}$。流 v 的直接链路的传输速率记为 c_v。那么，如果流 v 满足

$$\frac{c_v/\overline{D_v}}{\underset{u\in V}{\operatorname{avg}}(c_u/\overline{D_u})} < \varepsilon \tag{2.4}$$

流 v 的业务将被通过多个路径传输，ε 用来控制经过多个路径传输的流的数量。当 ε 更大时，会有更多的流通过多个路径传输；否则，将有更少的流通过多个路径传输。特别地，如果 c_v 等于 0，即流 v 的直接链路被阻断，流 v 将被通过多个路径传输。

对于流间的公平性，如果没有多路多跳传输，直接链路传输速率低的流或业务需求高的流将独自占用很多的时隙资源。采用多路多跳传输后，更多的流能够通过并行传输更加充分地共享时隙资源。因而，没有多路多跳传输下的公平性要差于有多路多跳传输下的公平性。因此，通过多路多跳传输提升了流间的公平性能。

记流 v 的路径数为 M_v。流 v 的第 p 条路径的跳数记为 H_{vp}。对于流 v，分配到第 p 条路径上的业务需求记为 d_{vp}。流 v 的第 p 条路径的第 i 跳链路记为 (v,p,i)，且它的传输速率记为 c_{vpi}。对于链路 (v,p,i) 和 (u,q,j)，定义指示变量 $I_{vpi,uqj}$。如果链路 (v,p,i) 和 (u,q,j) 相邻，$I_{vpi,uqj}$ 等于 1；否则，$I_{vpi,uqj}$ 等于 0。

如果调度方案有 K 个传输阶段来满足流的业务需求，记第 k 个阶段的时隙数为 δ^k。定义 a_{vpi}^k 来指示是否链路 (v,p,i) 被调度在第 k 个阶段，如果是，a_{vpi}^k 等于 1；否则，a_{vpi}^k 等于 0。为了优化系统性能，流的业务需求应在最短的时间内被满足。因而，最优多路多跳传输调度问题可表示为

$$\min \sum_{k=1}^{K} \delta^k \tag{2.5}$$

s.t.

$$\sum_{k=1}^{K} a_{vpi}^k \begin{cases} = 1, & \text{如果 } d_{vp} > 0 \text{ 和 } i \leqslant H_{vp}, \\ = 0, & \text{否则}, \end{cases} \quad \forall v,p,i \tag{2.6}$$

$$a_{vpi}^k \in \begin{cases} \{0,1\} & \text{如果 } d_{vp} > 0 \text{ 和 } i \leqslant H_{vp}, \\ \{0\}, & \text{否则}, \end{cases} \quad \forall\, v,p,i,k \tag{2.7}$$

$$\sum_{k=1}^{K} (\delta^k a_{vpi}^k) \begin{cases} \geqslant \left\lceil \frac{d_{vp}}{c_{vpi}} \right\rceil, & \text{如果 } d_{vp} > 0 \text{ 和 } i \leqslant H_{vp}, \\ = 0, & \text{否则}, \end{cases} \quad \forall\, v,p,i \tag{2.8}$$

$$\sum_{p=1}^{M_v} d_{vp} = d_v, \ \ \forall\, v \tag{2.9}$$

$$\sum_{i=1}^{H_{vp}} a_{vpi}^k \leqslant 1, \ \ \forall\, v,p,k \tag{2.10}$$

$$a_{vpi}^k + a_{uqj}^k \leqslant 1, \text{ 如果 } I_{vpi,uqj} = 1; \text{ 任意 } k, \text{ 任意两条链路 } (v,p,i),(u,q,j) \tag{2.11}$$

$$\sum_{k=1}^{K^*} a_{vpi}^k \geqslant \sum_{k=1}^{K^*} a_{vp(i+1)}^k, \text{ 如果 } H_{vp} > 1; \ \forall\, v,p,i = 1 \sim (H_{vp}-1),\ K^* = 1 \sim K \tag{2.12}$$

$$\frac{k_0 P_t l_{s_{vpi},\, r_{vpi}}^{-\gamma} a_{vpi}^k}{WN_0 + \rho \sum_{u=1}^{V}\sum_{q=1}^{M_u}\sum_{j=1}^{H_{uq}} f_{s_{uqj},\, r_{vpi}} a_{uqj}^k k_0 P_t l_{s_{uqj},\, r_{vpi}}^{-\gamma}} \geqslant \mathrm{MS}(c_{vpi}) a_{vpi}^k, \quad \forall\, v,p,i,k \tag{2.13}$$

这些约束的解释如下所示。

约束（2.6）表明对于每一链路 (v,p,i)，如果有业务分配给它，它应在传输帧的某一阶段中被调度一次。

约束（2.7）表明对于每一链路 (v,p,i)，如果有业务分配给它，a_{vpi}^k 是二进变量；否则，a_{vpi}^k 等于 0。

约束（2.8）表明对于每一链路 (v,p,i)，如果有业务分配给它，这个业务应在传输帧中被满足。

约束（2.9）表明对于流 v，在所有路径上分配的业务之和应等于它的业务需求 d_v。

约束（2.10）表明由于每条路径上传输的固有次序，同一路径上的链路不能被调度在同一阶段。由于路径上后边的节点只有在接收到来自前面节点的包后才能中继数据包，同一路径上前面的跳应在后边的跳之前调度。

约束（2.11）表明由于半双工假设，相邻的链路不能被调度在同一阶段。

约束（2.12）表明由于同一路径上传输的固有次序，流 v 的第 p 条路径的第 i 跳链路应在第 $(i+1)$ 跳链路之前调度。由于 K^* 的变化范围是从 1 到 K，约束（2.12）代表一组约束。

约束（2.13）表明并行传输时，同一阶段的每条链路的信干噪比要可以支持其传输速率。

可以看到，在约束（2.6），约束（2.7）和约束（2.8）中，条件“如果 $d_{vp} > 0$”有变量 d_{vp}，这样的问题形式是难解的。如果通过启发式的路径选择算法来为需要多路多跳传输的流选好传输路径，这些路径将有业务，且它们的条件“如果 $d_{vp}>0$”将被满足。在这种情况下，可从约束（2.6）、约束（2.7）和约束（2.8）中去除“如果 $d_{vp}>0$”，而此时问题变成混合整数非线性规划（mixed integer nonlinear program，MINLP）。然而，由于约束（2.8）和约束（2.13）是非线性的，得到最优解仍然是困难的。如果非线性项能被线性化，这个问题将变为标准的 MILP，可用一些现有的精细算法求解，如分支定界法[101]。对于约束（2.8）和约束（2.13）中的二阶项，采用一种松弛技术 —— 线性转化技术（reformulation-linearization technique，RLT）来线性化约束（2.8）和约束（2.13）。RLT 技术为潜在的非线性和非凸的多项式规划问题提供紧致的线性规划松弛。RLT 技术通过对每一非线性项进行变量替换来线性化目标函数和约束。此外，每个替换变量由非线性导出的约束通过决策变量的定界项的乘积生成，可达到适合的阶数。下面将给出约束（2.8）和约束（2.13）的 RLT 流程。

对于约束（2.8），定义替换变量 $s_{vpi}^k=\delta^k a_{vpi}^k$。由于每条链路的业务需求要在一个阶段内被满足，每个阶段的时隙数 δ^k 被定界为 $0\leqslant\delta^k\leqslant\widetilde{d}$，其中 $\widetilde{d}=\max\left\{\left\lceil\frac{d_{vp}}{c_{vpi}}\right\rceil \middle| \text{任意 } v,p,i\right\}$。由 $0\leqslant a_{vpi}^k\leqslant 1$ 可得到 s_{vpi}^k 的 RLT 界因子乘积约束为

$$\begin{cases}\{[\delta^k-0][a_{vpi}^k-0]\}_{LS}\geqslant 0,\\ \{[\widetilde{d}-\delta^k][a_{vpi}^k-0]\}_{LS}\geqslant 0,\\ \{[\delta^k-0][1-a_{vpi}^k]\}_{LS}\geqslant 0,\\ \{[\widetilde{d}-\delta^k][1-a_{vpi}^k]\}_{LS}\geqslant 0,\end{cases}\quad \text{任意}\ \ v,p,i,k \tag{2.14}$$

$\{\cdot\}_{LS}$ 代表 $s_{vpi}^k=\delta^k a_{vpi}^k$ 下的线性化步骤。通过替换 $s_{vpi}^k=\delta^k a_{vpi}^k$，可得到

$$\begin{cases}s_{vpi}^k\geqslant 0,\\ \widetilde{d}a_{vpi}^k-s_{vpi}^k\geqslant 0,\\ \delta^k-s_{vpi}^k\geqslant 0,\\ \widetilde{d}-\delta^k-\widetilde{d}a_{vpi}^k+s_{vpi}^k\geqslant 0,\end{cases}\quad \text{任意}\ \ v,p,i,k \tag{2.15}$$

对于约束（2.13），首先将它转化为

$$(k_0P_tl_{s_{vpi},r_{vpi}}^{-\gamma}-\mathrm{MS}(c_{vpi})WN_0)a_{vpi}^k$$
$$\geqslant \mathrm{MS}(c_{vpi})\rho\sum_{u=1}^{V}\sum_{q=1}^{M_u}\sum_{j=1}^{H_{uq}}f_{s_{uqj},r_{vpi}}a_{vpi}^k a_{uqj}^k k_0P_tl_{s_{uqj},r_{vpi}}^{-\gamma} \tag{2.16}$$

对于二阶项 $a_{vpi}^k a_{uqj}^k$，定义 $\omega_{vpi,uqj}^k=a_{vpi}^k a_{uqj}^k$ 为替换变量。由于 $0\leqslant a_{vpi}^k\leqslant 1$，且 $0\leqslant a_{uqj}^k\leqslant 1$，$\omega_{vpi,uqj}^k$ 的 RLT 界因子乘积约束为

$$\begin{cases}\omega_{vpi,uqj}^k\geqslant 0\\ a_{vpi}^k-\omega_{vpi,uqj}^k\geqslant 0\\ a_{uqj}^k-\omega_{vpi,uqj}^k\geqslant 0\\ 1-a_{vpi}^k-a_{uqj}^k+\omega_{vpi,uqj}^k\geqslant 0\end{cases} \tag{2.17}$$

将 s_{vpi}^k 和 $\omega_{vpi,uqj}^k$ 替换代入约束（2.8）和约束（2.13），得到混合整数线性规划松弛为

$$\min\sum_{k=1}^{K}\delta^k \tag{2.18}$$

s.t.

$$\sum_{k=1}^{K}s_{vpi}^k\begin{cases}\geqslant\left\lceil\frac{d_{vp}}{c_{vpi}}\right\rceil, & \text{如果 } i\leqslant H_{vp},\\ =0, & \text{否则},\end{cases}\quad \forall\, v,p,i \tag{2.19}$$

$$(k_0P_tl_{s_{vpi},r_{vpi}}^{-\gamma}-\mathrm{MS}(c_{vpi})WN_0)a_{vpi}^k$$
$$\geqslant \mathrm{MS}(c_{vpi})\rho\sum_{u=1}^{V}\sum_{q=1}^{M_u}\sum_{j=1}^{H_{uq}}f_{s_{uqj},r_{vpi}}\omega_{vpi,uqj}^k k_0P_tl_{s_{uqj},r_{vpi}}^{-\gamma},$$
$$\forall\, v,p,i,k \tag{2.20}$$

去掉“如果 $d_{vp}>0$”的约束 (2.6) 和约束 (2.7)；

约束 (2.9)、(2.10)、(2.11)、(2.12)、(2.15) 和 (2.17)。

如图 2.2 所示，这里考虑有 6 个节点的 WPAN。对于从 A 到 B 具有 18 个包的流，选择三条传输路径，路径 1、路径 2 和路径 3，且已在图 2.2 中说明。假定对于任意两条不相邻的链路 (v,p,i) 和 (u,q,j)，$f_{s_{uqj},r_{vpi}}$ 等于 0。然

后，采用分支定界法来求解问题（2.18），得到的解为：业务分配方案为路径 1 上传输 3 个包，路径 2 上传输 9 个包，路径 3 上传输 6 个包。调度方案的传输部分有 9 个时隙，且已在图 2.1 中说明。与单路传输方案相比，MPMH 将传输部分的时隙数减少了 50%。

所建立的混合整数线性规划是非确定性多项式困难问题（non-deterministic polynomial hard，NP 难）。决策变量的数量为 $\mathcal{O}((VP_{\max}H_{\max})^2K)$，且约束的数量为 $\mathcal{O}((VP_{\max}H_{\max})^2K)$，其中 $P_{\max}$ 是流的传输路径的最大数目，$H_{\max}$ 是路径的最大跳数。采用分支定界法来解这个问题将花费很长的计算时间，例如一个 5 节点的网络需要若干分钟[55]。在实际的毫米波无线个域网中，时隙长度仅为几微秒，因而这么长的计算时间是无法接受的[55]。因此，需要设计低复杂度的启发式算法来得到问题的解。

2.5 多路多跳传输方案

为了利用多路多跳传输来充分利用空分复用的潜能，首先要选择流的合适的传输路径。然后，由于路径上的业务分布对空分复用的效率有很大影响，每条流的业务应被高效地分配在它的传输路径上。最后，需要设计传输调度算法来充分利用并行传输提高传输效率。按照以上的思路，本节给出多路多跳传输方案，由三个启发式算法分别用于路径选择、业务分配和传输调度。

2.5.1 传输路径选择

将通过多路传输的流记为 F_{mpmh}，根据公式（2.4）选择得到。传输路径选择算法为每条 F_{mpmh} 中的流 v 选择合适的路径，将所选路径的最大可能跳数记为 $H_{\max}$。传输路径选择算法首先找到从发送端 s_v 到接收端 r_v 的所有跳数小于或等于 $H_{\max}$ 的可能的路径，记为 $P_c(v)$。为了利用传输路径上更高的传输能力，这些路径的每一跳要有比流 v 的直接链路相同或更高的信道质量（传输速率）。此外，每条路径不应有环。同时，如果 c_v 等于 0，即流 v 的直接链路被阻断，流 v 将不会通过直接链路传输。算法按每条路径上最低传输速率非增的次序访问 $P_c(v)$ 中的每条路径，从 $P_c(v)$ 中选出的路径的集合记为 $P_s(v)$。由于每条路径上的最低传输速率决定了它的传输能力，算法首先将传输能力高的路径选入 $P_s(v)$。为了避免降低效率，$P_s(v)$ 中的路径不应有共

同跳。为了最大化空分复用效率，$P_s(v)$ 中的具有最低传输速率的跳应是不相邻的，以使并行传输成为可能。因此，对于具有 n 个节点的网络，$|P_s(v)|$ 小于或等于 $\lfloor n/2 \rfloor$。

记流 v 的发送端为 s_v，接收端为 r_v。对于路径 p，记它的第一个节点和最后一个节点分别为 f_p 和 l_p。对于从 l_p 到 i 的链路，它的传输速率记为 $c_{l_p i}$。从节点 s_v 出发的可能路径的集合记为 $P(v)$，且在算法 2.1 中 $P(v)$ 被初始化为 s_v。对于每一路径 p，记它上面最低的传输速率为 $c_l(p)$，且具有最低传输速率的跳记为 $h_l(p)$。$P_s(v)$ 中路径的最低传输速率的跳的集合记为 $H_l(P_s(v))$。

传输路径选择算法的伪代码在算法 2.1 中给出。算法第 1~18 行找出所有跳数小于或等于 $H_{\max}$ 的可能路径的集合 $P_c(v)$。对于 $P(v)$ 中的每一路径，算法通过扩展这一路径来生成新的没有环的路径，如算法第 3~11 行所示。在第 5 行，从路径 p 扩展出的新的一跳要有比流 v 的直接链路相同或更高的传输速率。在从 $P(v)$ 中生成新的路径后，$P(v)$ 中旧的路径被移除，如第 10 行所示。$P(v)$ 被更新为新的路径集合 P_{new}，如第 12 行所示。对于 $P(v)$ 中的每一路径 p，如果它的最后一节点是接收端 r_v，这条路径将被加到 $P_c(v)$ 中，且从 $P(v)$ 中移除，如第 14~16 行所示。算法第 19~28 行从 $P_c(v)$ 中选出传输路径的最终集合 $P_s(v)$。算法首先得到具有最高传输能力（路径上的最低传输速率）的路径，如第 20 行所示。如果这条路径与已在 $P_s(v)$ 中的路径没有共同跳，且该路径上具有最低传输速率的跳 $h_l(p)$，其与 $H_l(P_s(v))$ 中的跳不相邻，这条路径将被选入 $P_s(v)$，如第 21~25 行所示。在第 26 行，这一路径被从 $P_c(v)$ 中移除。当 $P_c(v)$ 中没有路径时，算法输出 $P_s(v)$。

对于图 2.2 中的 WPAN，当 $H_{\max}$ 设为 3 时，传输路径选择算法得到流 $\mathrm{A} \rightarrow \mathrm{B}$ 的三条传输路径，即图 2.2 中的路径 1、路径 2 和路径 3。

2.5.2　业务分配

得到路径选择的结果后，提出业务分配算法将流的业务分配到选出的多条传输路径上。由于每一传输路径上最低传输速率的链路决定了这条路径的传输能力，因此应该让不同路径上具有最低传输率的链路尽可能地并行传输。为了最大化一个阶段中时隙的利用率，要让尽可能多的链路在这个阶段的每个时隙并行传输。因此，所提的业务分配算法为流的业务根据每条路径上的

算法 2.1 传输路径选择算法

初始化: $P(v)=\{s_v\}$; $P_c(v)=\varnothing$; $P_s(v)=\varnothing$; $H_l(P_s(v))=\varnothing$; $h=0$。

迭代:

```
while (|P(v)| > 0 且 h < H_max) do
  h = h + 1; P_new = ∅;
  for 每一 p ∈ P(v) do
    for 链路 l_p → i 未阻断的每一节点 i do
      if (c_{l_p i} ⩾ c_v 且 i 不在 p 上) then
        通过把 p 扩展到 i 生成新路径 p*;
        P_new = P_new ∪ p*;
      end if
    end for
    P(v) = P(v) − p;
  end for
  P(v) = P_new;
  for 每一 p ∈ P(v) do
    if (l_p == r_v) then
      P_c(v) = P_c(v) ∪ p; P(v) = P(v) − p;
    end if
  end for
end while
while (|P_c(v)| > 0) do
  得到具有最大 c_l(p) 的路径，p ∈ P_c(v);
  if (p 与 P_s(v) 中的路径没有共同跳) then
    if (h_l(p) 不相邻于 H_l(P_s(v)) 中的跳) then
      P_s(v) = P_s(v) ∪ p; H_l(P_s(v)) = H_l(P_s(v)) ∪ h_l(p);
    end if
  end if
  P_c(v) = P_c(v) − p;
end while
输出 P_s(v)
```

最低传输速率成比例地分配到各条路径。例如，对于图 2.2 中的三条路径，由于路径 1、路径 2 和路径 3 的最低传输速率分别是 1，3 和 2，A → B 的业务按 1∶3∶2 的比例分配到路径 1、路径 2 和路径 3。

2.5.3　传输调度

在传输路径选择和业务分配后，传输调度算法计算得到接近最优的调度方案来满足流的业务需求。由于任意两条相邻的链路不能并行传输，同一传输阶段的最大链路数为 $\lfloor n/2 \rfloor$ [55]。调度在同一传输阶段的链路可表示为方向性图，且是一个匹配（matching）。如果将 K 种颜色中的一种分配给每个阶段，且同一阶段中的所有边有相同的颜色，由于每一跳只调度传输帧的一个阶段，每一跳将仅有 K 种颜色中的一种，因此，这个过程可描述为边染色问题，唯一的差别是同一路径上的跳应被从第一跳到最后一跳依次调度。记第 t 个传输阶段的方向性链路的集合为 H^t，且 H^t 中链路的顶点的集合记为 V^t。因而，最优调度问题是找到每个传输阶段的方向性图，以最少的时隙满足所有流的业务需求。算法从具有最多跳数的路径开始调度，为了最大化空分复用增益，在满足并行传输条件的前提下，算法将尽可能多的链路调度进每个阶段。由于在同一传输路径上跳的固有传输次序，同一阶段中最多可调度一跳，且算法需要先调度前面的跳。

对每条流 v，它的传输路径的集合记为 $P_s(v)$，可由传输路径选择算法得到。对于不在 F_{mpmh} 中的流，它的 $P_s(v)$ 仅有直接链路。从业务分配算法中，可以得到 $P_s(v)$ 中每条路径上的业务需求。在传输调度中，记节点数为 n，且所有流的选出路径的集合记为 P_s，包含每条流 v 的 $P_s(v)$ 中的路径。对于每一路径 $p \in P_s$，它的跳数记为 $h(p)$。对于每一路径的每一跳，根据这条路径上分配的业务，定义满足这一跳的业务需求的时隙数为这一跳的权重。对于路径 $p \in P_s$ 的第 i 跳链路，它的权重记为 w_{pi}，记路径 $p \in P_s$ 的第 i 跳链路为 (p,i)。链路 (p,i) 的发送端记为 s_{pi}，接收端为 r_{pi}。P_s 中跳的集合记为 H。路径 p 上首个未调度跳的序号记为 $F_u(p)$。在第 t 个阶段中，未访问的路径集合记为 P_u^t。

传输调度算法的伪代码在算法 2.2 中给出。首先，算法得到传输路径选择后的路径集合，从 P_s 中得到 P_s 中跳的集合 H。由于要从每条路径的第一跳开始调度，每一路径 p 的 $F_u(p)$ 设为 1。然后，算法迭代地将 H 的每一跳调

算法 2.2 传输调度算法

初始化: 所有流选出的路径集合 P_s; P_s 中跳的集合 H;

每一路径 $p \in P_s$ 的跳数 $h(p)$; 每一跳 $(p, i) \in H$ 的权重 w_{pi};

对于每一 $p \in P_s$, 设 $F_u(p) = 1$; $t = 0$。

迭代:

1. **while** $(|H| > 0)$ **do**
2. $t = t + 1$;
3. 设 $V^t = \varnothing$, $H^t = \varnothing$, 且 $\delta^t = 0$;
4. $P_u^t = P_s$;
5. **while** $(|P_u^t| > 0$ 且 $|H^t| < \lfloor n/2 \rfloor)$ **do**
6. 获取具有最多未调度跳的未访问路径的集合，P_{mh};
7. 获取路径 $p \in P_{mh}$ 的具有最小 $\mathrm{abs}(\delta^t - w_{pF_u(p)})$ 的跳 $(p, F_u(p))$;
8. **if** $(s_{pF_u(p)} \notin V^t$ 且 $r_{pF_u(p)} \notin V^t)$ **then**
9. $H^t = H^t \cup \{(p, F_u(p))\}$;
10. $V^t = V^t \cup \{s_{pF_u(p)}, r_{pF_u(p)}\}$;
11. **for** H^t 中的每一链路 (p, i) **do**
12. 计算链路 (p, i) 的信干噪比 SINR_{pi};
13. **if** $(\mathrm{SINR}_{pi} < \mathrm{MS}(c_{pi}))$ **then**
14. 转到第 19 行;
15. **end if**
16. **end for**
17. $\delta^t = \max(\delta^t, w_{pF_u(p)})$, $H = H - (p, F_u(p))$;
18. $F_u(p) = F_u(p) + 1$; 转到第 21 行;
19. $H^t = H^t - \{(p, F_u(p))\}$;
20. $V^t = V^t - \{s_{pF_u(p)}, r_{pF_u(p)}\}$;
21. **end if**
22. $P_u^t = P_u^t - p$;
23. **end while**
24. 输出 H^t 和 δ^t;
25. **end while**

度进每个阶段，直到 H 中的所有跳被调度完毕，如算法第 1 行所示。在每个阶段，算法首先找到具有最多未调度跳的未访问路径，如第 6 行所示。在这些路径中，权重与这个阶段的当前时隙数距离最小的首个未调度跳被选为这个阶段的候选跳，如第 7 行所示。这步使得这个阶段中跳的时隙数尽可能接近，可尽可能提高这个阶段的时隙利用率。然后算法检验这个候选跳是否与已在阶段内的跳相邻，如算法第 8 行所示。如果不是的话，候选跳将被加到这个阶段中，且这个阶段的并行传输条件将被检验，如算法第 9~16 行所示。如果并行传输条件不能满足，这个候选跳将被移出这个阶段，如算法第 19~20 行所示。否则，这个阶段的时隙数将被更新以满足这一跳的业务需求，如算法第 17 行所示。由于一条路径最多有一跳可被调度在一个阶段中，这跳所在的路径将被移出未访问路径的集合，如算法第 22 行所示。当一个阶段内的链路数达到 $\lfloor n/2 \rfloor$，或在未访问路径集中没有路径时，算法将开始下一阶段的调度，如第 5 行所示。这个阶段的调度结果将被输出，如第 24 行所示。

将算法 2.2 应用到 2.3.2 节中的例子，可得到如下的调度方案：在第一个阶段中，路径 3 的链路 $\mathrm{A} \rightarrow \mathrm{D}$ 占用 1 个时隙传输；在第二个阶段，路径 2 的链路 $\mathrm{A} \rightarrow \mathrm{C}$ 和路径 3 的链路 $\mathrm{D} \rightarrow \mathrm{F}$ 占用 3 个时隙传输；在第三个阶段，路径 1 的链路 $\mathrm{A} \rightarrow \mathrm{B}$ 和路径 2 的链路 $\mathrm{C} \rightarrow \mathrm{E}$ 占用 3 个时隙传输；在第四个阶段，路径 3 的链路 $\mathrm{F} \rightarrow \mathrm{B}$ 占用一个时隙传输；在第五个阶段，路径 2 的链路 $\mathrm{E} \rightarrow \mathrm{B}$ 占用两个时隙传输。因而，总共需要 10 个时隙来满足 $\mathrm{A} \rightarrow \mathrm{B}$ 的业务需求。如前所述，最优解需要 9 个时隙。因而，所提的启发式算法得到了接近最优的调度解。

2.5.4　计算复杂度

传输路径选择算法的计算复杂度为 $\mathcal{O}(n^{H_{\max}})$，其中 n 是网络中的节点数。对于业务分配算法，它的计算复杂度是可忽略的。对于传输调度算法，它的复杂度为 $\mathcal{O}(|P_s|n^2)$，其中 P_s 是选出的路径的集合。因而，所提方案的整体复杂度为 $\mathcal{O}(n^{H_{\max}} + |P_s|n^2)$，是伪多项式时间解，可用于实际的毫米波无线个域网。相比较，现有方案 FDMAC 的计算复杂度为 $\mathcal{O}(|E|^2)$，其中 E 是方向性边的集合[55]。按照网络节点数表示，其复杂度为 $\mathcal{O}(n^4)$。因此，当 $H_{\max}$ 小于或等于 4 时，我们所提算法的计算复杂度与 FDMAC 的计算复杂度相当，但是我们的算法具有明显更优的性能。

2.6 性能评估

本节将在多种业务类型下评估所提的多路多跳传输方案的性能，且将它与最优解和其他现有的方案比较。

2.6.1 仿真设置

在仿真中，考虑一个 10 节点的典型毫米波无线个域网。假定所有的 WN 和 AP 均匀地分布在 8 m×8 m 的方形区域中。根据 WN 间的距离，我们设置有四种传输速率：2 Gbps，4 Gbps，6 Gbps 和 8 Gbps，且在网络中有 10 条流。在 2.4 节，设准则（2.4）中的 ε 为 0.0625，此时有一条流通过多路多跳传输，其他流通过直接链路传输。传输路径根据 2.5.1 节中的算法选择。数据包的大小设为 1000 字节。系统采用文献 [33] 的表 2 中的仿真参数，一个时隙的时长设为 5 μs。当传输速率为 2 Gbps 时，在一个时隙内可发送一个包。对于所仿真的网络，AP 可在一个时隙内完成业务需求轮询或调度方案推送[55]。通常来说，AP 要花费几个时隙来完成路径选择和调度方案计算。为了适应于动态的网络状态，帧的传输部分的时隙数小于或等于 1000。仿真时长设为 5×10^4 个时隙，且延迟阈值设为 2.5×10^4。当包的延迟大于阈值时，此包将被丢弃。初始时，每条流有若干随机生成的数据包要发送。选出的路径的最大跳数 $H_{\max}$ 设为 3。在仿真中，不相邻的链路可被调度用于并行传输。

在仿真中，设置以下两种业务模式：

（1）泊松过程：每条流的数据包按照到达率为 λ 的泊松过程到达。在此模式下的业务负载 T_l 定义为

$$T_l = \frac{\lambda L V}{R} \tag{2.21}$$

其中，L 是数据包大小，V 是流数，R 设为 2 Gbps。

（2）间歇泊松过程：每条流的数据包按照间歇泊松过程（IPP）到达。IPP 的参数有 λ_1，λ_2，p_1 和 p_2。IPP 的到达间隔服从二阶超指数分布，均值为

$$E(X) = \frac{p_1}{\lambda_1} + \frac{p_2}{\lambda_2} \tag{2.22}$$

间歇泊松过程可由开关过程（on-off process）表示。开的持续时间和关的持续时间分别服从参数为 r_1 和 r_2 的负指数分布。在开时，数据包按照到

达率 $\lambda_{\text{on\_off}}$ 的泊松过程到达，而在关时没有包到达。$\lambda_{\text{on\_off}}$，r_1 和 r_2 可由 λ_1，λ_2，p_1 和 p_2 推出，如下式所示：

$$\lambda_{\text{on\_off}} = p_1\lambda_1 + p_2\lambda_2 \tag{2.23}$$

$$r_1 = \frac{p_1 p_2(\lambda_1 - \lambda_2)^2}{\lambda_{\text{on\_off}}} \tag{2.24}$$

$$r_2 = \frac{\lambda_1\lambda_2}{\lambda_{\text{on\_off}}} \tag{2.25}$$

因此，IPP 业务是典型的突发性业务。此模式下的业务负载 T_l 定义为

$$T_l = \frac{LV}{E(X)R} \tag{2.26}$$

通过以下四种性能指标来评估系统性能：

（1）平均传输延迟：从所有流接收到的包的平均传输延迟，以时隙为单位。

（2）网络吞吐量：直到仿真结束，所有流成功传输的数量。对于一条流的一个包来说，如果它的延迟小于或等于阈值，将被计为一次成功的传输。在数据包大小固定和仿真时长为常数的情况下，总的成功传输数可显示网络的吞吐量性能。

（3）平均流延迟：经过多路多跳传输的流的平均传输延迟。

（4）流吞吐量：由经过多路多跳传输的流实现的成功传输的数量。

为了显示多路多跳传输的优势，将 MPMH 与以下两种方案进行比较：

（1）FDMAC：基于帧的方向性 MAC 协议，且其核心是贪心染色算法（greedy coloring，GC）。贪心染色算法以低复杂度计算得到接近最优的调度方案[55]。贪心染色算法通过迭代地将每条流按业务需求非增的次序调度进每个阶段，来满足流的业务需求。FDMAC 高效地利用了空分复用，且在现有的协议中具有最好的性能。

（2）FDMAC–UR：FDMAC 协议，且不考虑链路的传输速率的差异，所有链路的传输速率设为 1 Gbps。

2.6.2　与最优解的比较

首先将 MPMH 与问题（2.18）的最优解进行比较。由于得到最优解需要较长时间，假定系统中只有一条流有业务要发送，且这条流的业务需要经过

多个路径传输。业务负载定义如公式（2.21）和公式（2.26）所示，且 V 等于 1。此时，延迟阈值设为 3×10^4。

图 2.3 给出 MPMH 和最优解的平均流延迟和流吞吐量性能。从结果中可看到在轻负载下，MPMH 和最优解间的差距可忽略。对于平均流延迟，业务负载为 5 时的差距仅为 MPMH 平均流延迟的 7.9%。对于流吞吐量，差距仅为 MPMH 流吞吐量的 5.3%。因此，MPMH 可达到接近最优的延迟和吞吐量性能。

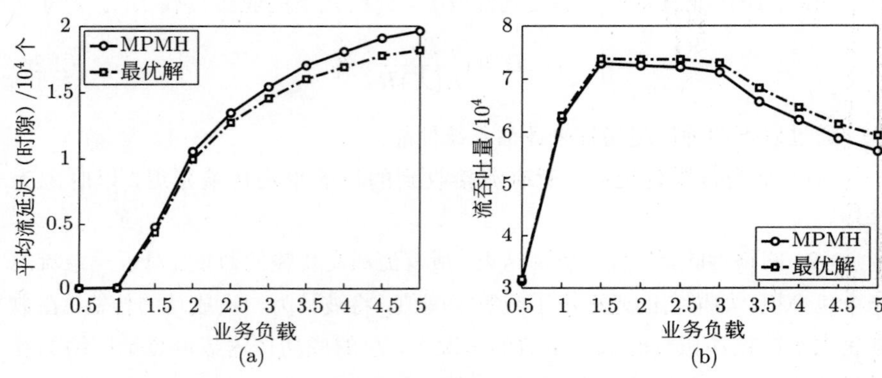

图 2.3　MPMH 和最优解在泊松业务下的比较

(a) 平均流延迟；(b) 流吞吐量

图 2.4 给出 MPMH 和最优解的调度计算的平均执行时间对比。可以看到，MPMH 的执行时间要远远小于最优解，计算复杂度要低得多。

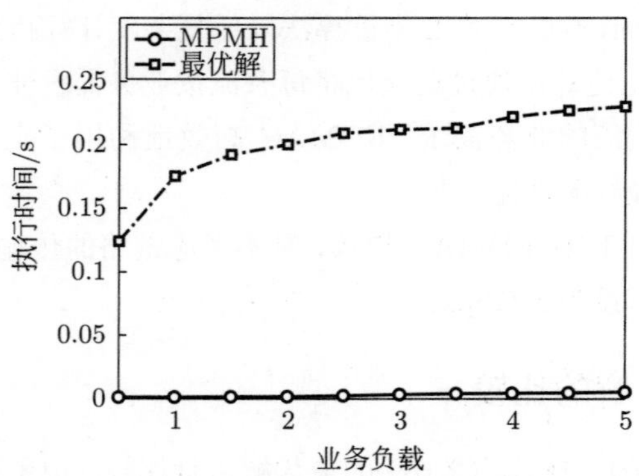

图 2.4　MPMH 和最优解在泊松业务下的平均执行时间对比

2.6.3 与现有方案的比较

2.6.3.1 延迟

图 2.5 给出三种 MAC 方案在不同业务负载下的平均传输延迟。从结果中可看到，随着业务负载的增加，延迟增加，且 FDMAC-UR 的延迟在轻负载下快速增加。在轻负载下，MPMH 和 FDMAC 具有类似的延迟性能。在轻负载下，到达的包可在很短的时间内被发送，且帧长短，因而轻负载下的延迟小。在重负载下，MPMH 优于 FDMAC 和 FDMAC-UR。业务负载为 4 到 7 时，与 FDMAC 相比，MPMH 在泊松业务下将传输延迟平均降低了约 75.74%，在 IPP 业务下平均降低了约 86.54%。对于 FDMAC-UR，由于链路的实际传输能力未被充分利用，它的延迟与 MPMH 和 FDMAC 相比要高得多。在 FDMAC 和 FDMAC-UR 中，流无法通过多路多跳传输。因而，直接链路信道质量差的流将在调度方案中占用大量的时隙，明显地增加了帧长和包的延迟。由于帧长最长为 1000 个时隙，无法被发送的包将在下一帧中被重新调度。因而，随着业务负载的增加，系统进入饱和状态，曲线变得平坦且呈现凹形。

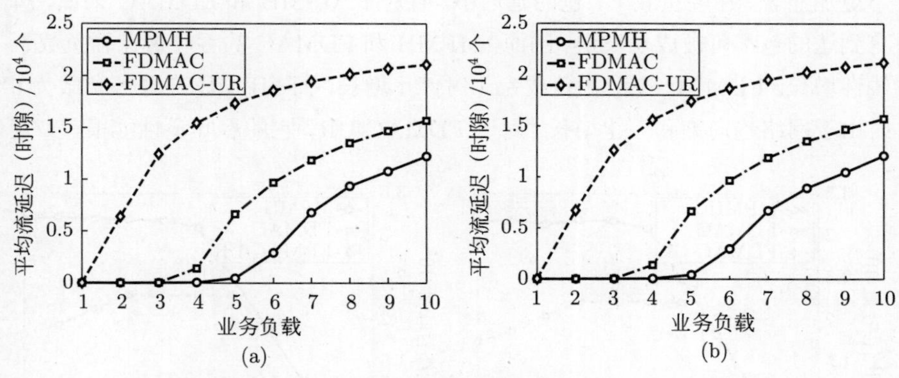

图 2.5　三种 MAC 方案的在不同业务负载下的平均传输延迟

(a) 泊松业务；(b) IPP 业务

图 2.6 给出三种 MAC 方案在不同业务负载下的平均流延迟性能。可以看到，MPMH 和 FDMAC 的延迟曲线在业务负载为 3 时开始分叉。与 FDMAC 相比，业务负载为 4 到 7 时，MPMH 在泊松业务下延迟平均降低了

约 74.31%，在 IPP 业务下平均降低了约 74.29%。

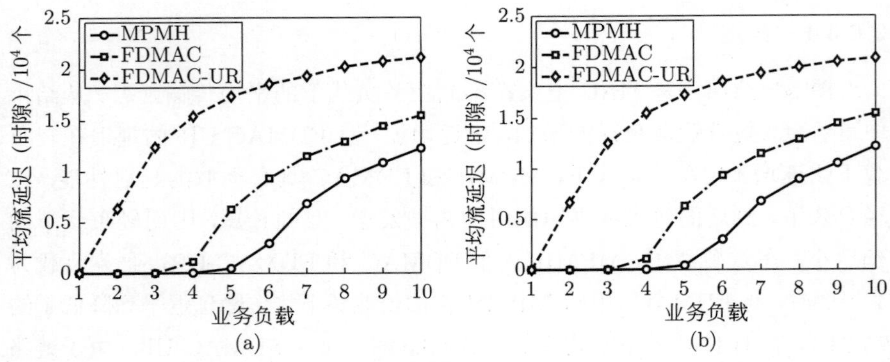

图 2.6 三种 MAC 方案在不同业务负载下的平均流延迟性能

(a) 泊松业务；(b) IPP 业务

2.6.3.2 吞吐量

图 2.7 给出三种方案在不同负载下的网络吞吐量性能。可以看到，MPMH 在所有情况下都有最高的吞吐量，且 MPMH 和 FDMAC 间的差距在重负载下更加显著。在轻负载下，包的延迟小，且对于 MPMH 和 FDMAC 来说，所有到达的包都可被成功发送。因而，MPMH 和 FDMAC 的吞吐量在轻负载下线性增长。FDMAC 在业务负载为 4 时停止增长，而 MPMH 在业务负载为 6 时由于网络趋向饱和停止增长。对于 FDMAC-UR，它的吞吐量性能很差，且

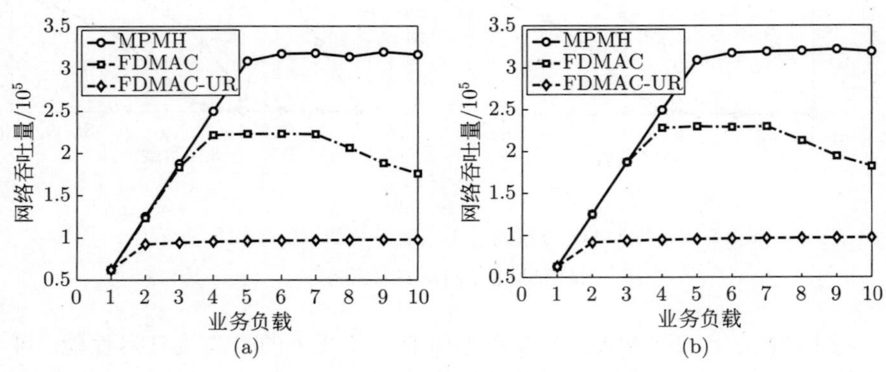

图 2.7 三种方案在不同负载下的网络吞吐量性能

(a) 泊松业务；(b) IPP 业务

在业务负载为 2 时趋向饱和。与 FDMAC 相比，在泊松业务下，MPMH 的网络吞吐量在业务负载从 5 到 10 时平均增加了约 54.37%，在 IPP 业务下平均增加了约 50.58%。当业务负载为 10 时，MPMH 胜过 FDMAC 约 80.2%。在 FDMAC 中，直接链路信道质量差的流不能像 MPMH 一样通过多路多跳传输，且在调度方案中占用大量的时隙，无法充分利用并行传输来提升性能。在轻业务负载下，MPMH 和 FDMAC 的吞吐量由到达的业务量决定。在重负载下，MPMH 相对于 FDMAC 的优势凸显，明显胜过 FDMAC。另一方面，随着业务负载的增加，包的延迟增加，相当多的包由于延迟超过阈值而被丢弃，导致 FDMAC 的吞吐量曲线从业务负载为 7 时开始下降。在业务负载为 10 时，MPMH 和 FDMAC 的差距变得更大。

另一方面，图 2.8 中给出三种方案的流吞吐量性能。可以看到，曲线的趋势类似于图 2.7。当业务负载从 5 到 10 时，在泊松业务下 MPMH 平均胜过 FDMAC 约 52.14%，在 IPP 业务下约 47.66%。结果表明，与 FDMAC 相比，MPMH 可明显提升低信道质量的流的吞吐量，尤其是在重负载下更具优势。

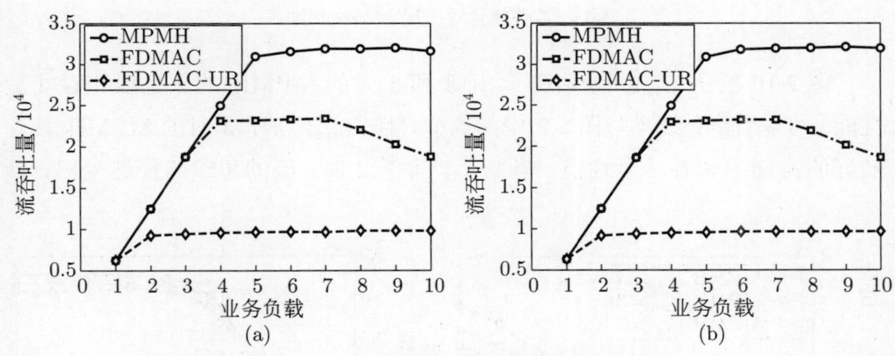

图 2.8　三种方案在不同业务负载下的流吞吐量性能

(a) 泊松业务；(b) IPP 业务

2.6.4　不同 $H_{\max}$ 下的性能

为了研究 $H_{\max}$ 的选择对网络性能的影响，图 2.9 中给出 $H_{\max}$ 分别等于 2，3 和 4 时 MPMH 的平均传输延迟和网络吞吐量性能。业务模式为泊松业务。从结果中可看到，MPMH 在 $H_{\max}$ 等于 3 时具有最好的延迟和吞吐量性能。然而，不同 $H_{\max}$ 下的 MPMH 的性能差距不大。对于 $H_{\max}$ 等于 2 时的 MPMH，多路多跳传输的优势受限于路径上的跳数。对于 $H_{\max}$ 等于 4 时的 MPMH，更多的跳导致更大的延迟。当更多包的延迟超过阈值时，网络吞吐量也会降低。因此，路径上的最大跳数 $H_{\max}$ 应在实践中经过优化选择以实现最优的性能。

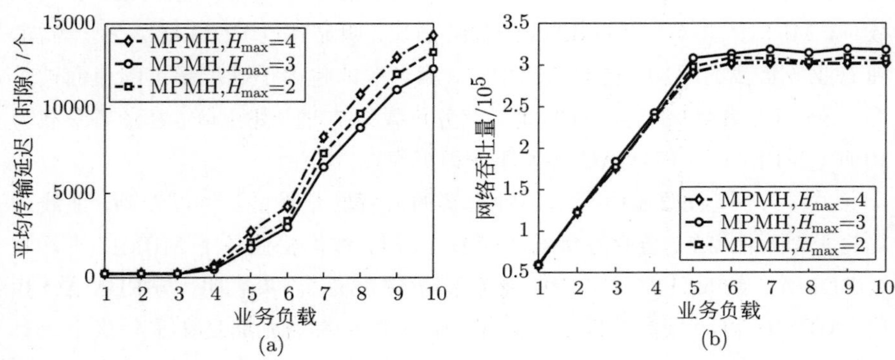

图 2.9　泊松业务下不同 $H_{\max}$ 的 MPMH 的延迟和吞吐量性能

(a) 平均传输延迟；(b) 网络吞吐量

图 2.10 给出 $H_{\max}$ 分别等于 2，3 和 4 时的 MPMH 的流延迟和吞吐量性能。可以看到，结果与图 2.9 中的类似，且 $H_{\max}$ 等于 3 时的 MPMH 具有最好的流延迟和吞吐量性能。当 $H_{\max}$ 等于 2 时，流的传输路径数受限，且

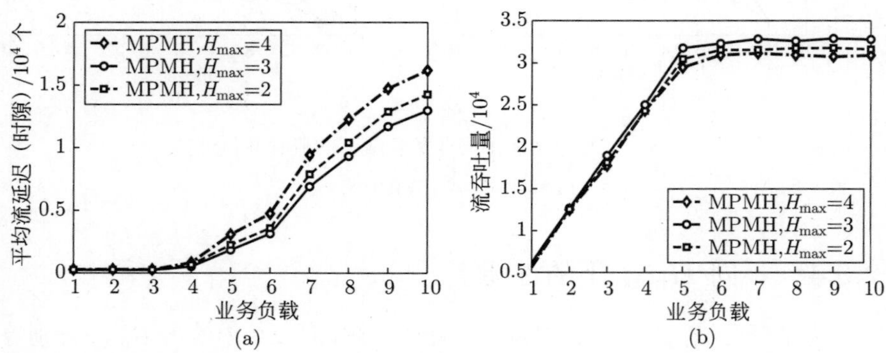

图 2.10　泊松业务下不同 $H_{\max}$ 的 MPMH 的流延迟和吞吐量性能

(a) 平均流延迟；(b) 流吞吐量

路径间的并行传输不能被充分利用来提升流延迟和吞吐量性能。当 $H_{\max}$ 等于 4 时，跳数多的路径上的传输导致更大的延迟，因而有更多的包由于延迟超过阈值被丢弃。在实践中，$H_{\max}$ 应根据实际的网络条件选择，以优化网络性能。

2.7 小结

本章研究了毫米波无线个域网中的多路多跳传输机制，提出了多路多跳传输方案 MPMH。MPMH 通过将直接链路信道质量差的流或业务需求高的流通过多个多跳的传输路径传输，充分地释放了空分复用的潜能，明显提升了网络和流的延迟和吞吐量性能。在多种业务类型下的仿真表明，MPMH 可达到接近最优的性能，且与 FDMAC 相比，MPMH 将流吞吐量和网络吞吐量分别平均提升了约 50% 和 52.48%。MPMH 在不同最大跳数参数下的性能表明，路径的最大跳数参数应根据实际网络条件选择，以优化网络性能。

第 3 章　抗遮挡高效传输调度策略研究

3.1　引言

由电磁波理论可知，电磁波很难绕射通过尺寸远大于波长的障碍物[33]。由于毫米波的波长在毫米量级，如 60 GHz 电磁波的波长约为 5 mm，毫米波链路很容易被人体或家具等障碍物遮挡而发生中断。例如，人体的遮挡可使 60 GHz 链路增加 20~30 dB 的衰减。考虑到人体在室内环境下的移动，毫米波链路是断断续续的。因此，保证延迟敏感业务（如高清电视）的无缝网络连接已成为毫米波无线网络面临的一大挑战。

本章集中研究毫米波无线个域网中的抗遮挡高效传输调度策略。为了克服遮挡敏感问题，采用中继的方式来绕过障碍物。已有研究表明，如果空间中有足够多的分散开的节点，中继方案能够在室内环境下对静止或移动的障碍物时提供鲁棒的连接性[33]。同时，由于定向性，多条链路之间的干扰降低，如何在抗遮挡的同时利用多条链路的并行传输（空分复用）来提升网络的传输效率则是本章重点研究的内容。对于被遮挡链路来说，选取不同的中继节点将对空分复用的效率有不同的影响。因此，需要联合优化中继选择和并行传输调度来保证网络的高效传输性能，也就是通过优化中继选择来最大化空分复用效率。本章的主要工作可归纳为以下三点。

首先，建立了联合考虑中继选择和并行传输调度的优化问题，并将其转化为一个混合整数线性规划（MILP）。其中，通过联合优化中继选择和并行传输调度来提升网络吞吐量。

然后，设计了抗遮挡方向性 MAC 协议（BRDMAC），其核心是启发式的抗遮挡调度算法，该算法由中继选择算法和调度算法构成。抗遮挡调度算法复杂度低，且具有接近最优的性能。

最后，在多种业务类型和信道条件下对 BRDMAC 进行性能评估。仿真结果表明，与两种现有方案相比，BRDMAC 具有更优的延迟和吞吐量性能，同时具有良好的公平性能。

本章其他内容为：3.2 节介绍毫米波通信中抗遮挡方面的相关工作；3.3 节介绍系统模型，且通过例子说明利用中继和并行传输来克服遮挡并提高网络容量；3.4 节将联合考虑中继选择和并行传输调度的优化问题建立为混合整数线性规划；3.5 节给出所提的启发式的抗遮挡传输调度算法；3.6 节给出不同业务类型和信道条件下的性能仿真结果；最后，3.7 节对本章进行总结。

3.2 相关工作

针对毫米波无线通信中的遮挡敏感问题，目前已有一些相关研究。第一种方案是利用墙面或其他表面的反射来绕过障碍物[73]。由于更长的传输距离以及反射面的吸收，反射将会带来附加的链路损耗。同时，节点位置和传播环境也会对反射抗遮挡的效果有很大的影响。文献 [75] 通过切换波束路径，将受遮挡的视距链路（LOS）切换到非视距链路（NLOS）来达到抗遮挡的效果。但是，非视距传输具有更大的链路衰减，无法支持高速率传输[30,33,64]。在路由层，文献 [81] 利用多路路由来增强 60 GHz 室内网络中高质量视频应用的可靠性。另一种抗遮挡方案利用中继来保持链路的连接性。在文献 [33] 中，如果一个无线终端由于遮挡与接入点失去连接，接入点将会从剩余保持连接的无线终端中选择一个作为中继，来保证接入点与丢失的无线终端的连接。然而，该方案没有利用空分复用来提升网络性能。文献 [80] 利用多接入点分集来抗遮挡。在多接入点结构中，接入控制器（access controller，AC）可以在一条链路被障碍物阻断时选择另一个接入点来完成剩余的传输。在这个方案中，为了保证链路的鲁棒性，多个接入点需要配置在室内环境中，而且空分复用没有被用来提升网络吞吐量。

本章利用中继来解决遮挡敏感问题，同时考虑利用空分复用来提升网络性能。通过优化中继选择来最大化空分复用增益，提出一种鲁棒且高效的 MAC 协议 BRDMAC。

3.3 系统概述

3.3.1 系统模型

考虑一个典型的 60 GHz 频段的无线个域网（WPAN）系统，由一个接入点（AP）和若干无线节点（WN）构成。记系统内的总节点数为 n，系统内的所有节点都是半双工的，每个节点有一个电子可控的方向性天线，假定每个节点通过系统中运行的引导程序获得最新的网络拓扑和其他节点的位置信息[102]。基于网络拓扑和位置信息，节点间的波束赋形可在较短时间内完成。系统时间划分为互不重叠的等长的时隙。AP 完成其他节点的时钟同步，且负责调度所有节点的介质访问来满足它们的业务需求。

每个节点有 $n-1$ 个虚拟业务队列来存储要发送给其他节点的数据包。对于节点 i，定义它的 n 元业务需求矢量为 $\boldsymbol{d_i}$。$\boldsymbol{d_i}$ 的每个元素 d_{ij} 代表节点 i 要发送给节点 j 的数据包数量。所有节点的业务需求矩阵记为 $\boldsymbol{D}$，且 $\boldsymbol{D}$ 的第 i 行就是 $\boldsymbol{d_i}$。

对于 60 GHz 信道，非视距传输具有更大的链路损耗[30]。由于在室内环境中视距路径最强，视距传输可最大化功率效率[33]。同时，60 GHz 频段的非视距传输也存在缺乏多径的问题[30,33]。为了实现高速率传输和最大化功率效率，毫米波无线个域网主要依赖视距传输。因而，这里只考虑方向性视距传输的情况。记从节点 i 到节点 j 的方向性链路为 (i,j)。由于多径的缺乏，对于一条未被阻断的视距链路 (i,j)，可达到的最大传输率可以由香农信道容量公式得到

$$R_{i,j} \leqslant \eta W \log_2\left(1+\frac{P_r}{N_0 W + P_I}\right) \tag{3.1}$$

其中，P_r 是接收到的信号功率，P_I 是干扰功率，$\eta \in (0,1)$ 刻画了收发机设计的效率[56]。接收到的信号功率可表示为

$$P_r = k_0 P_t l_{ij}^{-\gamma} \tag{3.2}$$

其中，l_{ij} 是节点 i 和节点 j 之间的距离。

由于链路长度和波束赋形精度的差异，不同链路的传输速率会有很大差别。定义信道传输速率矩阵，记为 $\boldsymbol{C}$，则每个元素 c_{ij} 代表链路 (i,j) 的信道传输速率。数值上，c_{ij} 等于链路 (i,j) 可以在一个时隙内发送的数据包数。信

道传输速率矩阵 $\boldsymbol{C}$ 由信道传输速率测量程序更新[99]。在信道传输速率测量程序中，每条链路的源节点首先将测量包发送给目的节点。在测得这些包的信噪比（signal to noise ratio，SNR）后，目的节点获得可支持的传输速率，并且通过信噪比与编码调制方案之间的对应关系得到合适的编码调制方案。然后，目的节点将发送确认包通知源节点合适的链路传输速率和相应的编码调制方案。最后，接入点将轮询网络中的节点来得到测量结果，从而得到信道传输速率矩阵 $\boldsymbol{C}$。如果两节点间的视距路径被阻断，它们之间链路的传输速率设为 0。由于毫米波系统的时隙长度在微秒量级，用户的移动性相对较低，信道传输速率测量程序将被周期性地（如每隔 10 ms）执行。

BRDMAC 的传输帧结构和流程在图 3.1 和图 3.2 中说明，其中节点 5 是 AP，其他节点是 WN。在 BRDMAC 中，时间被划分成一系列互不重叠的传输帧。如图 3.1 所示，每个传输帧包含调度部分和传输部分。调度部分由业务需求轮询阶段、调度方案计算阶段和调度方案推送阶段构成。在业务需求轮询阶段，如图 3.2(a) 所示，所有的 WN 节点将它们的天线对准 AP，然后 AP 逐个轮询它们的业务需求矢量，且记所需时间为 t_{poll}。获得各节点的业务需求矢量后，AP 可得到业务需求矩阵 $\boldsymbol{D}$。在调度方案计算阶段，AP 根据业务需求矩阵 $\boldsymbol{D}$ 和信道传输速率矩阵 $\boldsymbol{C}$ 计算得到中继方案和调度方案，且记所需时间为 t_{sch}。在调度方案推送阶段，如图 3.2(b) 所示，AP 将它的天线逐个对准各 WN，将调度方案和中继方案推送给它们，且记所需时间为 t_{push}。在传输部分，系统内节点按照中继方案和调度方案进行通信，如图 3.2(c) 所示。

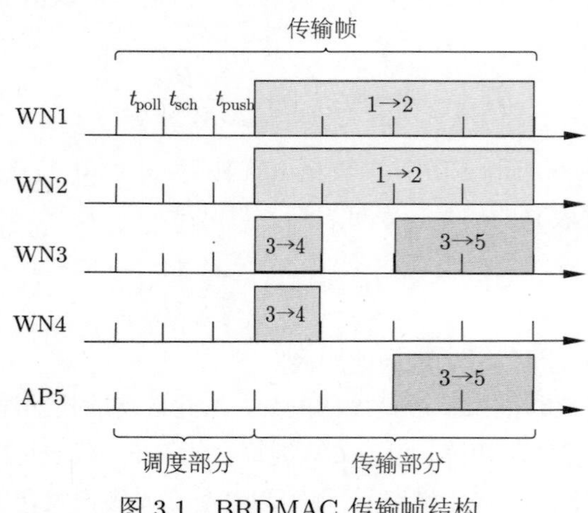

图 3.1 BRDMAC 传输帧结构

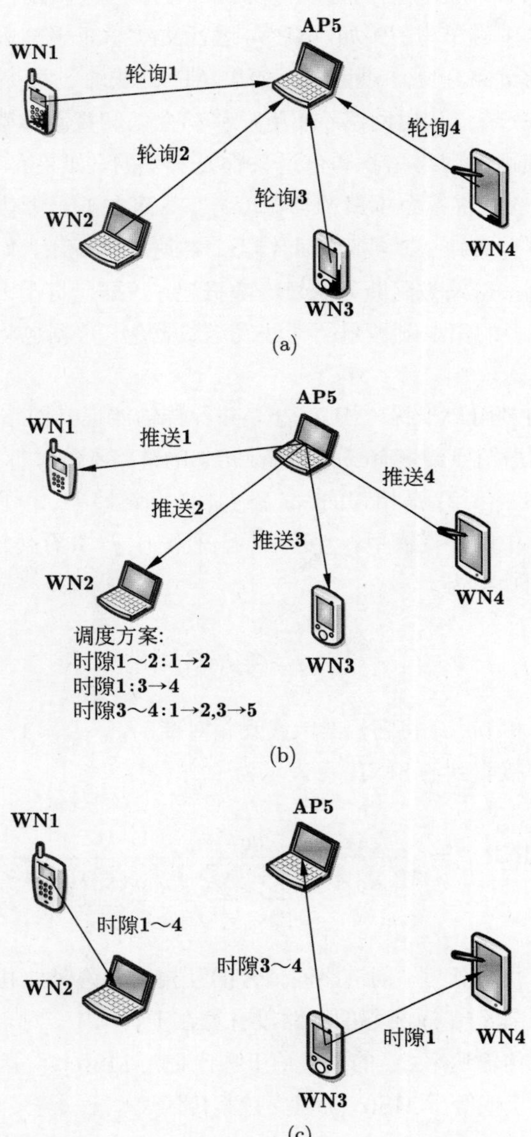

图 3.2　BRDMAC 传输帧流程

(a) 业务需求轮询；(b) 调度方案推送；(c) 各节点按调度方案通信

如果一个 WN 与 AP 间的链路被阻断，AP 将认为这个 WN 已经丢失，将会为它找一个中继节点。例如，AP 可运行文献 [33] 中的丢失节点发现程序，来为阻断的链路建立中继路径。如果 AP 无法通过程序找到丢失的节点，AP 将把丢失节点移出网络。在用户移动性低和视距传输的条件下，假定在每个传输帧内的网络拓扑和信道条件是不变的。如果有 LOS 链路在传输帧中被阻断，AP 将不会重新计算调度方案，而在下一个传输帧的轮询阶段，WN 节点将会通知 AP 被阻断的链路。在这种情况下，如果中继路径的第一跳链路或直接链路被阻断无法发送数据包，数据包将于下一帧被重新调度；如果中继路径的第二跳被阻断无法发送数据包，数据包将于第二跳链路恢复时被重新发送。

在相对低的多用户干扰（MUI）下，并行传输能提升网络性能[56]。由于每个节点与其邻居节点最多有一个连接，相邻的链路不能并行传输[55]。例如，链路 $(1,3)$ 和链路 $(3,2)$ 是相邻的，链路 $(1,3)$ 和链路 $(1,2)$ 也是相邻的。本章采用文献 [56] 中的干扰模型。当链路 (u,v) 和 (i,j) 并行传输时，节点 j 从节点 u 接收到的功率为

$$P_r^{u,v,i,j} = f_{u,v,i,j} k_0 P_t {l_{uj}}^{-\gamma} \tag{3.3}$$

如果节点 u 和节点 j 将它们的天线互相对准，$f_{u,v,i,j}=1$；否则，$f_{u,v,i,j}=0$。因而，节点 j 接收到的 SINR 可表示为

$$\text{SINR}_{i,j} = \frac{k_0 P_t {l_{ij}}^{-\gamma}}{WN_0 + \rho \sum\limits_{u \neq i,j} \sum\limits_{v \neq i,j} f_{u,v,i,j} k_0 P_t {l_{uj}}^{-\gamma}} \tag{3.4}$$

其中，ρ 是 MUI 因子，与不同链路间信号的互相关有关[56]。由于相邻链路无法并行传输，与链路 (i,j) 相邻的链路没有算在干扰项中。对于任一未阻断链路 (i,j)，支持其传输速率 c_{ij} 的最低信干噪比记为 $\text{MS}(c_{ij})$。因此，链路 (i,j) 的信干噪比要大于或等于 $\text{MS}(c_{ij})$ 以支持其传输速率 c_{ij}。

3.3.2 示例

本节将通过一个具体的例子来说明 BRDMAC 的基本工作原理。这里，矩阵的行代表发送节点，列代表接收节点。例如

$$\boldsymbol{D}=\begin{pmatrix}0 & 3 & 5 & 0 & 0\\ 0 & 0 & 0 & 0 & 0\\ 4 & 0 & 0 & 1 & 2\\ 0 & 0 & 0 & 0 & 0\\ 0 & 0 & 0 & 0 & 0\end{pmatrix} \tag{3.5}$$

表明网络中有 5 个节点；节点 1 有 3 个包要发送给节点 2，5 个包要给节点 3；节点 3 有 4 个包给节点 1，1 个包给节点 4，2 个包给节点 5。如果

$$\boldsymbol{C}=\begin{pmatrix}0 & 2 & 0 & 1 & 1\\ 2 & 0 & 1 & 1 & 1\\ 0 & 1 & 0 & 1 & 3\\ 1 & 1 & 1 & 0 & 1\\ 1 & 1 & 3 & 1 & 0\end{pmatrix} \tag{3.6}$$

可看到 $(1,3)$ 元素和 $(3,1)$ 元素为 0，表明节点 1 和节点 3 之间的视距路径被阻断；在一个时隙内，节点 1 可发送 2 个包给节点 2，节点 3 可发送 3 个包给节点 5；其他链路可在一个时隙内发送 1 个包。

如图 3.3 所示，节点 1 有 5 个 a 包要发送给节点 3，节点 3 有 4 个 b 包要发送给节点 1。由于链路 $(1,2)$ 和链路 $(2,3)$ 未阻断，可以选择节点 2 作为节点 1 到节点 3 链路的中继节点。类似地，可选择节点 5 作为节点 3 到节点 1 链路的中继节点。这时，节点 1 有 8 个包给节点 2，且节点 3 有 6 个包给节点 5。在 a 包或 b 包到达中继节点后，它们将会在下一传输帧被发送到目的节点。在中继选择后，按照图 3.1 和图 3.2 所示，可以得到相应的传输调度方案。其中，调度方案有两个传输阶段。在第一个传输阶段，节点 1 占用 2 个时隙发送包给节点 2，且节点 3 占用 1 个时隙发送包给节点 4；在第二个阶段，节点 1 占用 2 个时隙发送包给节点 2，且节点 3 占用 2 个时隙发送包给节点 5。由于链路 $(1,2)$ 和链路 $(3,4)$ 的信干噪比可支持它们的传输速率，它们被调度在第一个阶段并行传输。同理，链路 $(1,2)$ 和链路 $(3,5)$ 被调度在第二个阶段并行传输。在传输部分，这个调度方案可用 4 个时隙清空所有节点的业

务队列。然而，如果节点 2 同时被选为 a 包和 b 包的中继，将会有 4 个包从节点 3 到节点 2，8 个包从节点 1 到节点 2。此时，需要至少 4 个时隙来发送从节点 3 到节点 2 的包，以及另外的 4 个时隙来发送从节点 1 到节点 2 的包。因而，要满足所有节点在中继选择后的业务需求，需要最少 8 个时隙。从这个例子可以看出，对于给定的业务需求和信道传输率，如何为阻断链路选择中继节点，以及如何进行调度以最大化空分复用增益，对于网络性能会有很大的影响。

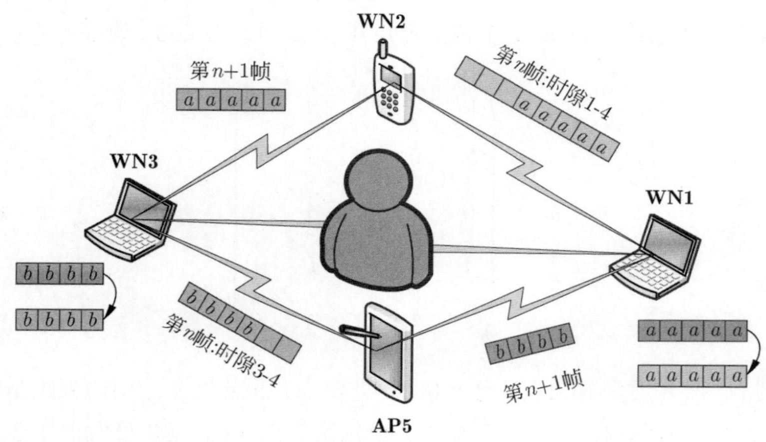

图 3.3　中继过程示意

3.4　问题建立

当一条方向性 LOS 链路被阻断时，首先判断这条链路是否可以被其他节点中继。如果不存在节点使得源节点到此节点的链路和此节点到目的节点的链路都未阻断，这条链路就无法被其他节点中继。当阻断链路无法由其他节点中继时，这些链路的包将不会被 AP 调度。假定有 L 条可被中继的阻断链路，记 B_s 为 L 条阻断链路的源节点的集合，B_{sd} 为 L 条阻断链路的集合。对于每条阻断链路 $(b_s, b_d) \in B_{sd}$，定义 n 元矢量，且每个元素 $r_{b_s b_d j}$ 是二进变量。$r_{b_s b_d j}$ 等于 1 表示节点 j 是链路 (b_s, b_d) 的中继；否则，$r_{b_s b_d j}$ 等于 0。

为了最大化空分复用增益，最优的调度方案应以最少的时隙数满足所有节点的业务需求。记调度方案为 $\boldsymbol{S}$。当 $\boldsymbol{S}$ 有 K 个传输阶段时，$\boldsymbol{S}$ 可表示为

$$\boldsymbol{S}=\delta^1\boldsymbol{A}^1+\delta^2\boldsymbol{A}^2+\delta^3\boldsymbol{A}^3+\cdots+\delta^K\boldsymbol{A}^K \tag{3.7}$$

其中，δ^k 是第 k 个传输阶段的时隙数。$\boldsymbol{A}^k$ 是 $n\times n$ 矩阵，表示在第 k 个传输阶段传输的链路。a_{ij}^k 是 $\boldsymbol{A}^k$ 的 (i,j) 元素，表示链路 (i,j) 是否被调度于第 k 个阶段传输。如果一条链路被调度于某一阶段传输，它将发送尽可能多的包直到它的业务需求清空。之后，这条链路在这个阶段的剩余时隙不再传输。相邻的链路不能被调度在同一个传输阶段。同时，在每个传输阶段，每条链路的信干噪比应该大于或等于支持其传输速率的最低信干噪比。调度方案的总的时隙数为 $\sum\limits_{k=1}^{K}\delta^k$。因此，最优传输调度问题（P1）可表示为

$$\min\sum_{k=1}^{K}\delta^k \tag{3.8}$$

s.t.

$$r_{b_sb_dj}\begin{cases}\in\{0,1\}, & 如果\ c_{b_sj}>0\ \&\ c_{jb_d}>0,\\ =0, & 否则,\end{cases}\qquad \forall\,(b_s,b_d)\in B_{sd},j \tag{3.9}$$

$$\sum_{j=1}^{n}r_{b_sb_dj}=\begin{cases}1, & 如果\ d_{b_sb_d}>0,\\ 0, & 如果\ d_{b_sb_d}=0,\end{cases}\qquad \forall\,(b_s,b_d)\in B_{sd} \tag{3.10}$$

$$\sum_{k=1}^{K}a_{ij}^k\begin{cases}\leqslant\left\lceil\left(d_{ij}+\sum\limits_{(i,v)\in B_{sd}}d_{iv}r_{ivj}\right)/c_{ij}\right\rceil, & 如果\ c_{ij}>0\ \&\ i\in B_s,\\ >0,\ \leqslant\lceil(d_{ij})/c_{ij}\rceil, & 如果\ d_{ij}>0,\ c_{ij}>0,\ \&\ i\notin B_s,\\ =0, & 否则,\end{cases}\qquad \forall\,i,j \tag{3.11}$$

$$a_{ij}^k\in\begin{cases}\{0,1\}, & 如果\ c_{ij}>0,\\ \{0\}, & 否则,\end{cases}\qquad \forall\,i,j,k \tag{3.12}$$

$$\sum_{k=1}^{K}(\delta^k a_{ij}^k c_{ij})\begin{cases}\geqslant d_{ij}+\sum\limits_{(i,v)\in B_{sd}} d_{iv}\times r_{ivj}, & \text{如果 } c_{ij}>0\ \&\ i\in B_s,\\ \geqslant d_{ij}, & \text{如果 } d_{ij}>0, c_{ij}>0, \&\ i\notin B_s,\\ =0, & \text{否则},\end{cases}\quad \forall\, i,j \tag{3.13}$$

$$\sum_{j=1}^{n}(a_{ij}^k+a_{ji}^k)\leqslant 1,\quad \forall\, i,k \tag{3.14}$$

$$\frac{k_0 P_t {l_{ij}}^{-\gamma} a_{i,j}^k}{WN_0+\rho\sum\limits_{u\neq i,j}\sum\limits_{v\neq i,j} f_{u,v,i,j} a_{u,v}^k k_0 P_t {l_{uj}}^{-\gamma}}\geqslant \mathrm{MS}(c_{ij})\times a_{i,j}^k,\ \text{如果 } c_{ij}>0,\ \forall\, i,j,k \tag{3.15}$$

这些约束的解释如下所示。

约束（3.9）表明对于任一阻断链路 $(b_s,b_d)\in B_{sd}$，当 $c_{b_s j}>0$ 和 $c_{jb_d}>0$ 时，节点 j 可以被选为中继节点；否则，节点 j 不能作中继节点，$r_{b_s b_d j}$ 等于 0。

约束（3.10）表明如果阻断链路 $(b_s,b_d)\in B_{sd}$ 的业务需求 $d_{b_s b_d}$，不为 0，它应该被其他节点中继；否则，系统不为它寻找中继节点。

约束（3.11）中的第一个条件表明，如果链路 (i,j) 未阻断，而且节点 i 属于阻断链路的源节点的集合，任一阻断链路 $(i,v)\in B_{sd}$ 的数据包可能被节点 j 中继。约束（3.11）中的第二个条件表明，如果链路 (i,j) 未阻断，而且节点 i 不属于阻断链路的源节点的集合，节点 j 将不会被选为中继节点。此时，仅当它的业务需求 d_{ij} 非零时才需要被满足。在可能的业务中继后，链路 (i,j) 的业务需求可在多个传输阶段中满足。因为节点 i 可以在一个时隙内发送 c_{ij} 个包给节点 j，可以获得清空链路 (i,j) 数据包最多可能的传输阶段数如约束（3.11）所示。在其他情况下，$\sum\limits_{k=1}^{K} a_{ij}^k$ 等于零。

约束（3.12）表明，如果链路 (i,j) 未阻断，它可能被调度来发送数据包；否则，它将不会被调度。

约束（3.13）表明，在传输部分，分配给链路 (i,j) 传输的总时隙数要能够满足它在可能的业务中继后的业务量。约束（3.13）中在不同条件下的业务量与约束（3.11）中的相同。

约束（3.14）表明任意两条相邻的链路不能被调度在同一传输阶段中。由于每个节点与一个邻居最多有一个连接，在每个阶段中任一节点最多可被调度一次。

约束（3.15）表明，在每个传输阶段，每条链路的信干噪比要大于或等于支持其传输速率的最低信干噪比。如果链路 (i,j) 被调度于第 k 个阶段传输，$a_{i,j}^k$ 等于 1，且它的信干噪比必须满足约束（3.15）。否则，$a_{i,j}^k$ 等于 0，且它在第 k 个阶段的信干噪比也是 0。

由于约束（3.11），约束（3.13）和约束（3.15）都是非线性约束，问题 P1 是混合整数非线性规划（MINLP）。通常，MINLP 是非确定性多项式困难问题（NP-hard）。对于约束（3.11），由于 $\lceil x \rceil < x+1 \,(x \in R)$，可以将非线性部分 $\left\lceil \left(d_{ij} + \sum\limits_{(i,v)\in B_{sd}} d_{iv} \times r_{ivj}\right) \Big/ c_{ij} \right\rceil$ 松弛为 $\left(d_{ij} + \sum\limits_{(i,v)\in B_{sd}} d_{iv} \times r_{ivj}\right) \Big/ c_{ij}+1$。松弛后的约束可被证明与原约束等价。

对于约束（3.13）和约束（3.15），采用线性转化技术（RLT）将其线性化。RLT 能够为非线性和非凸的多项式规划问题产生紧致的线性规划松弛。RLT 方法对问题中的每一个非线性项进行变量替换以线性化目标函数和约束条件。此外，RLT 通过决策变量的边界项乘积达到合适的阶数来产生每个替换变量的非线性导出的约束。

对于约束（3.13）中的二阶项 $\delta^k a_{ij}^k$，定义 $u_{ij}^k = \delta^k a_{ij}^k$ 为替换变量，也定义

$$\bar{d} = \max\left\{ \left\lceil \left(d_{ij} + \sum_{(i,v)\in B_{sd},\, c_{jv}\neq 0} d_{iv}\right) \Big/ c_{ij} \right\rceil \middle| c_{ij} \neq 0 \right\} \tag{3.16}$$

为一个传输阶段最多可能的时隙数。由于 $0 \leqslant \delta^k \leqslant \bar{d}$ 和 $0 \leqslant a_{ij}^k \leqslant 1$，可得到 u_{ij}^k 的 RLT 界因子乘积约束为

$$\begin{cases} u_{ij}^k \geqslant 0, \\ \bar{d}\cdot a_{ij}^k - u_{ij}^k \geqslant 0, \\ \delta^k - u_{ij}^k \geqslant 0, \\ \bar{d} - \delta^k - \bar{d}\, a_{ij}^k + u_{ij}^k \geqslant 0, \end{cases} \quad \forall\, i,j,k \tag{3.17}$$

首先将约束（3.15）转化成

$$(k_0 P_t l_{ij}{}^{-\gamma} - \mathrm{MS}(c_{ij}) W N_0) a_{i,j}^k \geqslant \mathrm{MS}(c_{ij}) \rho \sum_{u \neq i,j} \sum_{v \neq i,j} f_{u,v,i,j} a_{u,v}^k a_{i,j}^k k_0 P_t l_{uj}{}^{-\gamma} \tag{3.18}$$

如果链路 (u,v) 被阻断，由于约束（3.12），a_{uv}^k 是 0，且 $a_{uv}^k \cdot a_{ij}^k$ 等于 0。因此，如果链路 (i,j) 和 (u,v) 都未阻断，对于二阶项 $a_{uv}^k \cdot a_{ij}^k$，定义 $h_{u,v,i,j}^k = a_{uv}^k \cdot a_{ij}^k$ 为替换变量。由于 $a_{uv}^k \cdot a_{ij}^k$ 等于 $a_{ij}^k \cdot a_{uv}^k$，因此 $h_{u,v,i,j}^k$ 与 $h_{i,j,u,v}^k$ 相同。由于 $0 \leqslant a_{ij}^k \leqslant 1$ 和 $0 \leqslant a_{uv}^k \leqslant 1$，$h_{u,v,i,j}^k$ 的 RLT 界因子乘积约束是

$$\begin{cases} h_{u,v,i,j}^k \geqslant 0, \\ a_{ij}^k - h_{u,v,i,j}^k \geqslant 0, \\ a_{uv}^k - h_{u,v,i,j}^k \geqslant 0, \\ 1 - a_{uv}^k - a_{ij}^k + h_{u,v,i,j}^k \geqslant 0, \end{cases} \quad \forall\, u, v, i, j, k, c_{uv} > 0, c_{ij} > 0 \tag{3.19}$$

在分别把 u_{ij}^k 和 $h_{u,v,i,j}^k$ 替换到约束（3.13）和约束（3.15）后，原来的问题被转化为混合整数线性规划（MILP）如下所示。

$$\min \sum_{k=1}^{K} \delta^k \tag{3.20}$$

s.t.

$$\sum_{k=1}^{K} a_{ij}^k \begin{cases} < \left(d_{ij} + \sum\limits_{(i,v) \in B_{sd}} d_{iv} r_{ivj}\right) \Big/ c_{ij} + 1, & \text{如果 } c_{ij} > 0, i \in B_s, \\ > 0, \leqslant \lceil (d_{ij})/c_{ij} \rceil, & \text{如果 } d_{ij} > 0, c_{ij} > 0,\ i \notin B_s, \\ = 0, & \text{否则}, \end{cases} \quad \forall\, i, j \tag{3.21}$$

$$\sum_{k=1}^{K} (u_{ij}^k c_{ij}) \begin{cases} \geqslant d_{ij} + \sum\limits_{(i,v) \in B_{sd}} d_{iv} r_{ivj}, & \text{如果 } c_{ij} > 0, i \in B_s, \\ \geqslant d_{ij}, & \text{如果 } d_{ij} > 0, c_{ij} > 0, i \notin B_s, \\ = 0, & \text{否则}, \end{cases} \quad \forall\, i, j \tag{3.22}$$

$$(k_0 P_t l_{ij}{}^{-\gamma} - \mathrm{MS}(c_{ij}) W N_0) \times a_{i,j}^k \geqslant \mathrm{MS}(c_{ij}) \rho \sum_{u \neq i,j} \sum_{v \neq i,j} f_{u,v,i,j} h_{u,v,i,j}^k k_0 P_t l_{uj}{}^{-\gamma},$$
$$\text{如果 } c_{ij} > 0, \ \forall\, i, j, k \tag{3.23}$$

约束 (3.9)、(3.10)、(3.12)、(3.14)、(3.17) 和 (3.19)。

例如，考虑一个 5 节点构成的毫米波无线个域网，在业务轮询阶段，AP 得到业务需求矩阵如式（3.5）所示，信道传输速率矩阵为式（3.6）。对于任意两条未阻断链路 (u, v) 和 (i, j)，$f_{u,v,i,j}$ 等于 0。采用开源 MILP 求解软件 YALMIP 去求解问题（3.20）[103]。中继选择结果是链路 $(1, 3)$ 由节点 2 中继，链路 $(3, 1)$ 由节点 5 中继。最优的传输调度方案由两个传输阶段构成。在第一阶段，链路 $(1, 2)$ 和链路 $(3, 4)$ 发送数据包，时长 2 个时隙；在第二阶段，链路 $(1, 2)$ 和链路 $(3, 5)$ 发送数据包，时长 2 个时隙。这个调度方案已于图 3.1 和图 3.2 中说明。

因为问题（3.20）是 NP 难的，采用优化软件将花费大量的时间。由于时隙长度只有几微秒，优化软件无法在毫米波无线个域网中采用[33]。因此，在下一节提出启发式的抗遮挡调度算法，以低复杂度计算出接近最优的中继选择方案和调度方案。

3.5　抗遮挡传输调度算法

如前所述，最优中继选择和传输调度的问题可由两步解决。第一步为阻断链路选取中继节点，第二步是满足节点中继选择后的业务需求。因而，本研究的抗遮挡传输调度算法由两个算法构成，即中继选择算法和传输调度算法。

3.5.1　中继选择算法

给定业务需求矩阵 $\boldsymbol{D}$ 和信道传输率矩阵 $\boldsymbol{C}$，中继选择算法计算出接近最优的中继选择方案。业务需求矩阵 $\boldsymbol{D}$ 可看作方向性的加权多重图 $G(V, E)$。其中，V 是顶点集合，E 是方向性的加权边的集合。对应每一非零业务 d_{ij}，有从节点 i 到节点 j 的边 $e_{ij} \in E$，且其权重 $w(e_{ij})$ 等于 d_{ij}。中继选择算法首先从业务需求矩阵 $\boldsymbol{D}$ 中获得方向性加权多图 $G(V, E)$。根据信道传输速率矩阵 $\boldsymbol{C}$，算法得到 E 中阻断链路的集合 E_b 和可中继的阻断链路的集合

E^r（对应于 B_{sd}）。对于每一边 $e_{il} \in E^r$，定义 R_i^l 为它的候选中继集。如果节点 j 在 R_i^l 中，链路 (i,j) 和链路 (j,l) 应都未阻断。对于阻断链路 (i,l)，定义它的中继权重为第一跳链路满足业务需求 d_{il} 所需的最多时隙数，并记为 w_i^l。中继选择算法按照中继权重递减的次序依次为 E^r 中的边选择中继节点。由于来自（到达）同一节点的包无法被调度在同一传输阶段（相邻的链路无法并行传输），为了最小化总的时隙数，要尽可能减少来自（到达）同一节点的包的数目。对于每一边 $e_{il} \in E^r$，中继选择算法选择 R_i^l 中的节点作为它的中继，以使中继后的来自（到达）相同节点的包的数目尽可能少。

所提的启发式中继选择算法的伪代码如算法 3.1 所示。在初始化时，E_b 从 E 中移除。算法的第 1~26 行按中继权重递减的次序为 E^r 中的阻断链路选择中继，算法的第 3~21 行为具有多个候选中继节点的阻断链路选取中继。如果 (i,l) 的包被 R_i^l 中的节点 j 中继，$w(e_{i,l})$ 被加到 $w(e_{i,j})$，如第 5 行所示。在第 6~8 行，算法计算出每一边 $e_{pq} \in E$ 的归一化权重 $w_c(e_{pq})$。在算法的第 9~15 行，算法得到指向 R_i^l 中节点的归一化权重的和的最大值 S_j^c。算法也得到源于节点 i 的归一化权重的和 S_j^r，如第 16~18 行所示。在第 19 行，算法得到 S_j^c 和 S_j^r 的最大值 M_j。由于源于或到达同一节点的包无法在同一传输阶段中并行传输，M_j 可看作选择节点 j 为中继的最大影响。然后在第 21 行，算法将具有最小 M_j 的节点 $j \in R_i^l$ 设为阻断链路 (i,l) 的中继，记为 r_i^l。如果链路 (i,l) 的候选中继节点集 R_i^l 只有一个元素，它就被直接设为中继，如第 23 行所示。在决定 E^r 中的一条边的中继后，算法输出结果，且它的权重被中继，如第 25 行所示。最后，算法输出中继选择后的 $G(V,E)$。

3.5.2 并行传输调度算法

并行传输调度算法为中继后的各节点业务需求计算出接近最优的调度方案。被调度于第 t 个阶段传输的链路可由方向性图 $G^t(V^t,E^t)$ 表示。E^t 是第 t 个传输阶段方向性链路的集合；V^t 是 E^t 中边的顶点的集合。因而，$\boldsymbol{A}^t$ 是 $G^t(V^t,E^t)$ 的邻接矩阵。由于相邻的链路不能并行传输，$G^t(V^t,E^t)$ 必须是匹配（matching）。同时，可得到在同一传输阶段通信的最大链路数为 $\lfloor n/2 \rfloor$。最优传输调度问题实质为得到以最少的总时隙数满足中继选择后各节点业务需求的各个阶段的方向性图。下面将给出启发式的并行传输调度算法。

算法 3.1　中继选择算法

初始化: 由业务需求矩阵 $\boldsymbol{D}$ 和信道传输率矩阵 $\boldsymbol{C}$ 获取多重图 $G(V,E)$、E 中阻断链路的集合 E_b、可中继的阻断链路集合 E^r。对于每一边 $e_{il} \in E^r$，获取它的中继权重 w_i^l 和候选中继集 R_i^l。从 E 中去除 E_b。

迭代:

while E^r 中存在未访问的边 **do**
  获取具有最大 w_i^l 的未访问边, $e_{il} \in E^r$;
  if $|R_i^l| > 1$ **then**
    for 每一节点 $j \in R_i^l$ **do**
      $S_j^c = 0$; $S_j^r = 0$; $E = E \cup \{e_{ij}\}$; $w(e_{ij}) = w(e_{ij}) + w(e_{il})$;
      for 每一边 $e_{pq} \in E$ **do**
        $w_c(e_{pq}) = \lceil w(e_{pq})/c_{pq} \rceil$;
      end for
      for 每一节点 $u \in R_i^l$ **do**
        $S_{ju}^c = 0$;
        for 指向节点 u 的每一边 $e_{vu} \in E$ **do**
          $S_{ju}^c = S_{ju}^c + w_c(e_{vu})$;
        end for
      end for
      $S_j^c = \max\{S_{ju}^c | u \in R_i^l\}$;
      for 源于节点 i 的每一边 $e_{is} \in E$ **do**
        $S_j^r = S_j^r + w_c(e_{is})$;
      end for
      $M_j = \max\{S_j^c, S_j^r\}$; $w(e_{ij}) = w(e_{ij}) - w(e_{il})$;
    end for
    把具有最小 M_j 的节点 $j \in R_i^l$ 设为 r_i^l;
  else
    把节点 $j \in R_i^l$ 设为 r_i^l;
  end if
  输出阻断链路 (i,l) 的 r_i^l; $w(e_{ir_i^l}) = w(e_{ir_i^l}) + w(e_{il})$; $E = E \cup \{e_{ir_i^l}\}$;
end while
输出 $G(V,E)$

首先，算法 3.1 从中继选择算法得到中继选择后的方向性加权多重图 $G(V, E)$。每条边的归一化权重定义为满足其业务需求的最少时隙数。在每个阶段的开始，算法首先把具有最大归一化权重的边放入这个阶段。接着，算法迭代地获取具有最大归一化权重的未访问边，以避免产生只有一条具有大的归一化权重的边的阶段。如果这条边与已在阶段内的边不相邻，它将被选为候选边。然后，算法将执行以下几步。首先，这条候选边被加到这个阶段。然后，这个阶段中链路的信干噪比被计算。如果这个阶段中任一链路的信干噪比无法支持其传输速率，这个候选边将被移出这个阶段。当没有边可加入到当前阶段时，算法开始下一阶段的调度。每个阶段的时隙数设为满足阶段中一条边的业务需求的最少时隙数。因而，阶段内的每个时隙被阶段内的所有链路占用，以尽可能提高时隙的利用率。调度算法迭代地执行上述过程，直到所有的业务需求被满足。

启发式传输调度算法的伪代码如算法 3.2 所示。算法将 E 中加权的边分配到每个阶段，直到所有的业务需求被满足，如算法第 1 行所示。算法的第 3~5 行得到每一边 $e_{ij} \in E$ 的归一化权重 $w_c(e_{ij})$。在第 t 个阶段，记 E 中未访问的边的集合为 E_u^t。当算法开始一个新的阶段时，E 中的所有边都是未访问的，如第 6 行所示。第 7 行表明当所有可能的边都访问过，或当前阶段的链路数达到 $\lfloor n/2 \rfloor$ 时，算法开始下一阶段的调度。算法的第 9 行保证了在每个阶段的任意两条链路是不相邻的。算法的第 10 行将候选边加到这个阶段中。第 11~16 行计算在这个阶段的链路的信干噪比。如果一条链路的信干噪比无法支持它的传输速率，候选边将被移出这个阶段，如第 13，14 行和第 18 行所示。否则，在当前阶段具有最小归一化权重的边被记录为 e_{last}，如第 17 行所示。然后这条已访问的边被移出 E_u^t，如算法第 20 行所示。当前阶段的时隙数被设为满足这个阶段中一条链路的业务需求所需的最少时隙数，如第 22 行所示。算法第 23~28 行将完成调度的业务需求从这个阶段中的链路上去除。当 d_{ij} 可被调度方案满足时，算法第 26 行从 E 中移除 e_{ij}。算法第 29 行输出每个传输阶段的链路和时隙数。

对于 3.4 节中的例子，采用中继选择算法和并行传输调度算法得到的中继选择方案与传输调度方案的总时隙数与采用优化软件 YALMIP 得到的相同，只是帧内的传输阶段的次序不同。然而，本书所提的算法具有更低的计算复杂度，且可在实际系统中实现。本书所提中继选择算法的复杂度为

算法 3.2 并行传输调度算法

初始化: 信道传输率矩阵 $\boldsymbol{C}$, 中继选择后的 $G(V,E)$; $t=0$。

迭代:

1. **while** $|E|>0$ **do**
2. $\quad t=t+1$;
3. $\quad$ **for** 每一边 $e_{ij}\in E$ **do**
4. $\quad\quad w_c(e_{ij})=\lceil w(e_{ij})/c_{ij}\rceil$;
5. $\quad$ **end for**
6. $\quad V^t=\varnothing$ 和 $E^t=\varnothing$; $E_u^t=E$;
7. $\quad$ **while** $|E_u^t|>0$ 且 $|E^t|<\lfloor n/2\rfloor$ **do**
8. $\quad\quad$ 获取具有最大 $w_c(e_{ij})$ 的边, $e_{ij}\in E_u^t$;
9. $\quad\quad$ **if** $i\notin V^t$ 且 $j\notin V^t$ **then**
10. $\quad\quad\quad E^t=E^t\cup\{e_{ij}\}$; $V^t=V^t\cup\{i,j\}$;
11. $\quad\quad\quad$ **for** 每一边 $e_{ij}\in E^t$ **do**
12. $\quad\quad\quad\quad$ 计算链路 (i,j) 的信干噪比 $\mathrm{SINR}_{i,j}$
13. $\quad\quad\quad\quad$ **if** $\mathrm{SINR}_{i,j}<\mathrm{MS}(c_{ij})$ **then**
14. $\quad\quad\quad\quad\quad$ 转到第 18 行;
15. $\quad\quad\quad\quad$ **end if**
16. $\quad\quad\quad$ **end for**
17. $\quad\quad\quad e_{\mathrm{last}}=e_{ij}$; 转到第 19 行;
18. $\quad\quad\quad E^t=E^t-e_{ij}$; $V^t=V^t-\{i,j\}$;
19. $\quad\quad$ **end if**
20. $\quad\quad E_u^t=E_u^t-e_{ij}$;
21. $\quad$ **end while**
22. $\quad \delta^t=w_c(e_{\mathrm{last}})$;
23. $\quad$ **for** e_{ij} in E^t **do**
24. $\quad\quad w(e_{ij})=w(e_{ij})-\delta^t c_{ij}$;
25. $\quad\quad$ **if** $w(e_{ij})\leqslant 0$ **then**
26. $\quad\quad\quad E=E-e_{ij}$;
27. $\quad\quad$ **end if**
28. $\quad$ **end for**
29. $\quad$ 输出 $G^t(V^t,E^t)$ 和 δ^t;
30. **end while**

$\mathcal{O}(n^3)$，并行传输调度算法的复杂度为 $\mathcal{O}(n^2|E|)$。因此，本书的方案的复杂度为 $\mathcal{O}(n^4)$。相比较，现有方案 FDMAC 的计算复杂度为 $\mathcal{O}(|E|^2)$，其中 E 是方向性边的集合[55]。按照网络节点数表示，其复杂度为 $\mathcal{O}(n^4)$。可见，本书所提方案的复杂度与 FDMAC 是相当的，但是本书的方案具有更高的鲁棒性。

3.6 性能评估

本节在多种业务类型和信道条件下评估 BRDMAC 的性能，且将它与另外两种协议作比较。

3.6.1 仿真设置

本节考虑一个 10 节点的毫米波 WPAN，采用文献 [33] 表 2 中的仿真参数。系统中有两种传输速率，2 吉比特每秒（Gigabits per second，Gbps）和 4 Gbps。数据包的大小设为 1000 字节。当传输速率为 2 Gbps 时，一个包可在 $t_{\text{pkt}} + t_{\text{SIFS}} + t_{\text{ACK}} \approx 5\ \mu\text{s}$ 内传输完，其中 t_{pkt} 是发送一个包的时间，t_{SIFS} 是短帧间间隔（short inter-frame space，SIFS），t_{ACK} 是发送 ACK（acknowledgement）包的时间[55]。当传输速率为 4 Gbps 时，一个包可在 2.5 μs 内传输完。一个时隙的长度设为 5 μs，2 Gbps 的链路可在一个时隙内发送一个包，4 Gbps 的链路可在一个时隙内发送两个包。如文献 [55] 中所示，AP 可在一个时隙内访问 $\left\lfloor \dfrac{t_{\text{slot}}}{t_{\text{ShFr}} + 2 \cdot t_{\text{SIFS}} + t_{\text{ACK}}} \right\rfloor$ 个节点，其中 t_{slot} 是时隙长度，t_{ShFr} 是短 MAC 帧发送时间。对于 10 节点的网络来说，AP 可在一个时隙内完成业务轮询阶段或调度方案推送阶段。通常来说，AP 需要几个时隙来完成中继选择和传输调度计算。对于任一非阻断链路 (i, j)，当它被调度与其他链路并行地传输时，它的信干噪比可支持其传输速率。在仿真中，采用两种业务模式。

（1）泊松过程：数据包按到达率为 λ 的泊松过程到达各个节点。在泊松业务模式下的业务负载 T_l 可表示为

$$T_l = \frac{\lambda L n}{R} \tag{3.24}$$

其中，L 是数据包大小，n 是网络内节点数，R 设为 2 Gbps。

（2）间歇泊松过程（interrupted Poisson process，IPP）：数据包按间歇泊松过程到达每个节点。间歇泊松过程的参数有 λ_1、λ_2、p_1 和 p_2。IPP 的到达间隔服从二阶超指数分布，均值为

$$E(X)=\frac{p_1}{\lambda_1}+\frac{p_2}{\lambda_2} \tag{3.25}$$

在 IPP 模式下，业务负载 T_l 定义为

$$T_l=\frac{Ln}{E(X)R} \tag{3.26}$$

当数据包到达源节点时，它将被源节点吸收或按一定的概率转移到其他节点，本节考虑均匀转移和非均匀转移两种情况。在均匀转移时，数据包的目的节点均匀地分布于所有节点，且在源节点与目的节点相同时，它将被吸收。在非均匀转移时，每个节点 i 有一个重负载子集 N_H^i 和一个轻负载子集 N_L^i。当一个新的数据包到达节点 i 时，它将以概率 $\alpha/|N_H^i|$ 转移到 N_H^i 中的一个节点，或以概率 $(1-\alpha)/|N_L^i|$ 转移到 N_L^i 中的一个节点。α 比 0.5 大，且每个节点不在它的 N_H^i 中。

根据节点在一个典型的 WPAN 中的位置设定无链路阻断时的信道传输率矩阵。当两节点间距离远时，信道传输速率设为 2 Gbps；否则，信道传输速率设为 4 Gbps。阻断率定义为

$$r=\frac{N_b}{n^2} \tag{3.27}$$

其中，N_b 是网络中阻断链路的数量。我们研究 5 种不同的情况，r 分别等于 0.1，0.2，0.3，0.4 和 0.5。当 r 增加 0.1 时，网络中阻断链路的数量增加 10。

接下来评估以下三个性能指标。

（1）平均传输延迟：对于由其他节点中继的包，它的延迟等于中继路径的两跳链路的延迟之和。平均传输延迟是数据包的平均延迟。

（2）吞吐量：直到仿真结束成功传输的数据包的数量。仿真时长为 5×10^4 个时隙。延迟阈值设为 2×10^4，且延迟大于阈值的数据包将被丢弃。对于由其他节点中继的包，如果它的延迟小于或等于阈值，它将被记为一次成功的传输。由于仿真时长为常数，且包的大小是固定的，总的成功传输的数量可以指示网络的吞吐量性能。

（3）中继比例：中继比例定义为成功中继的包占总的成功发送的包的数量的比例。

（4）公平性：文献 [104] 中定义的公平性指数（Jain's fairness index）决定了节点是否分配到了公平的系统资源份额。公平性指数在 0（最差）到 1（最好）之间，可由下式计算得到

$$f(y_1, y_1, \cdots, y_n) = \Big(\sum_{i=1}^{n} y_i\Big)^2 \Big/ \Big(n \sum_{i=1}^{n} y_i^2\Big) \tag{3.28}$$

其中，y_i 是节点 i 处的平均延迟。

将 BRDMAC 与以下两个协议作比较。

（1）FDMAC：所有链路有相同的信道传输速率，2 Gbps。阻断链路的数据包被滞留在节点的虚队列中。FDMAC 是用于毫米波无线个域网的最新 MAC 协议[55] 并充分地利用了空分复用。然而，它没有考虑遮挡敏感问题。

（2）RRDMAC：每个阻断链路的中继从可能的中继中随机选择（满足离散均匀分布）。传输调度算法与 BRDMAC 相同，且不同的链路质量具有不同的传输速率。

3.6.2 与现有方案的比较

3.6.2.1 延迟

图 3.4 以时隙为单位刻画了三种 MAC 协议在不同的阻断率时的平均传输延迟性能。图中仅给出重负载下的结果，且业务负载都设为 4。初始时，每个节点在它的虚业务队列中有少量随机生成的包。在非均匀转移时，对于每一节点 i，α 设为 0.6，且 $|N_H^i|$ 等于 2。从图中可看到平均传输延迟随着阻断率的增加而增加，这是因为对于 BRDMAC 和 RRDMAC，当更多链路被阻断时，更多的包将被中继，且对于 FDMAC，更多的包将被滞留在节点的虚拟业务队列中。在三种 MAC 协议中，BRDMAC 在不同的业务类型和阻断率下的平均传输延迟最小。在图 3.4 中，BRDMAC 的延迟性能优于 FDMAC 一倍以上；当阻断率小于 0.3 时，BRDMAC 的延迟性能优于 RRDMAC 一倍以上。在均匀转移时，当阻断率大于 0.2 时，BRDMAC 和 RRDMAC 之间的差距几乎不变，如图 3.4(a) 和图 3.4(c) 所示。

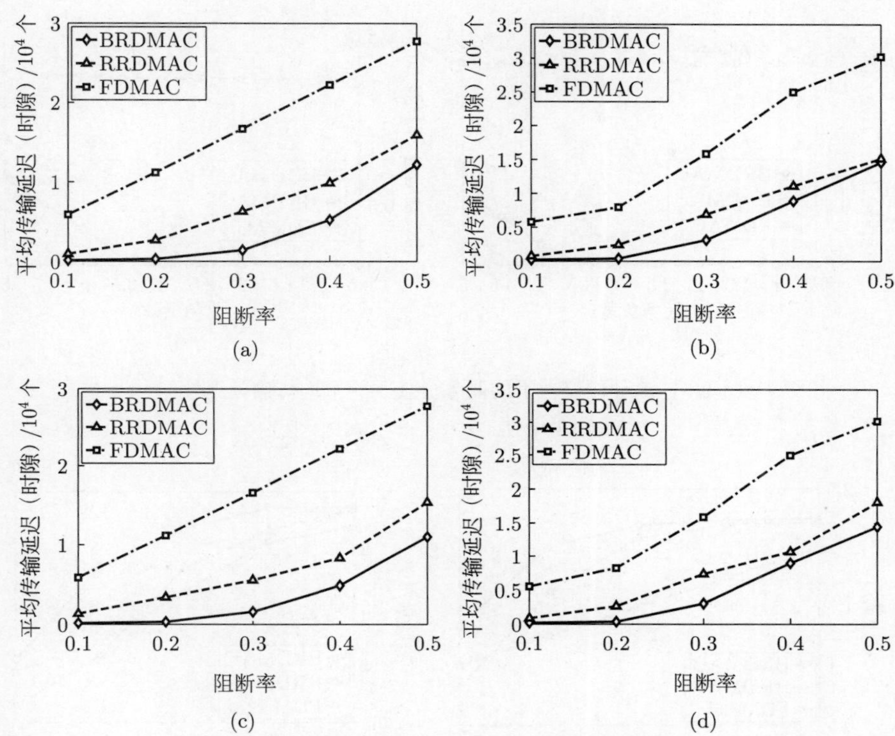

图 3.4　三种 MAC 协议在不同阻断率时的平均传输延迟性能

(a) 均匀泊松业务；(b) 非均匀泊松业务；(c) 均匀 IPP 业务；(d) 非均匀 IPP 业务

图 3.5 给出三种协议在不同业务负载下的平均传输延迟性能。图中给出在均匀转移和非均匀转移时 IPP 业务模式下的结果，且阻断率设为 0.3。可以看到，BRDMAC 具有最低的平均传输延迟，且在不同的负载下优于 FDMAC 2.5 倍以上。与 RRDMAC 相比，当业务负载超过 3.5 时，BRDMAC 的平均传输延迟降低 30% 以上。由于链路阻断，即使在轻负载下 FDMAC 也有很大的平均传输延迟。与 RRDMAC 相比，当业务负载超过 3 时，BRDMAC 具有更加明显的优势。

3.6.2.2　吞吐量

图 3.6 给出三种协议在不同阻断率下的吞吐量性能，业务负载设为 4。随着阻断率的增加，成功传输的数量减少，这有两方面的原因。首先，当阻断

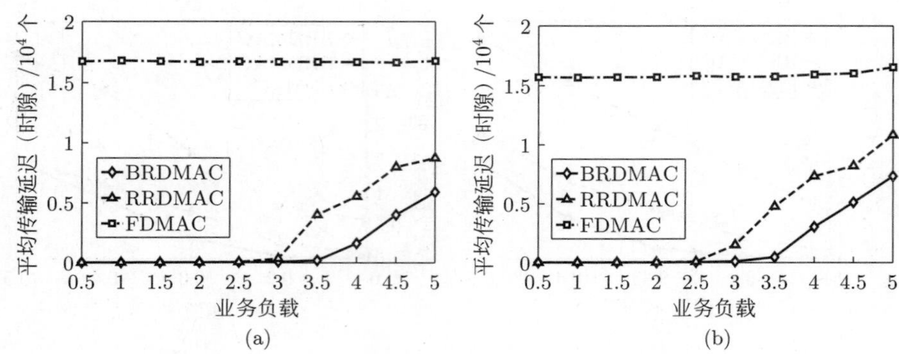

图 3.5 三种协议在不同业务负载下的平均传输延迟性能

(a) 均匀 IPP 业务；(b) 非均匀 IPP 业务

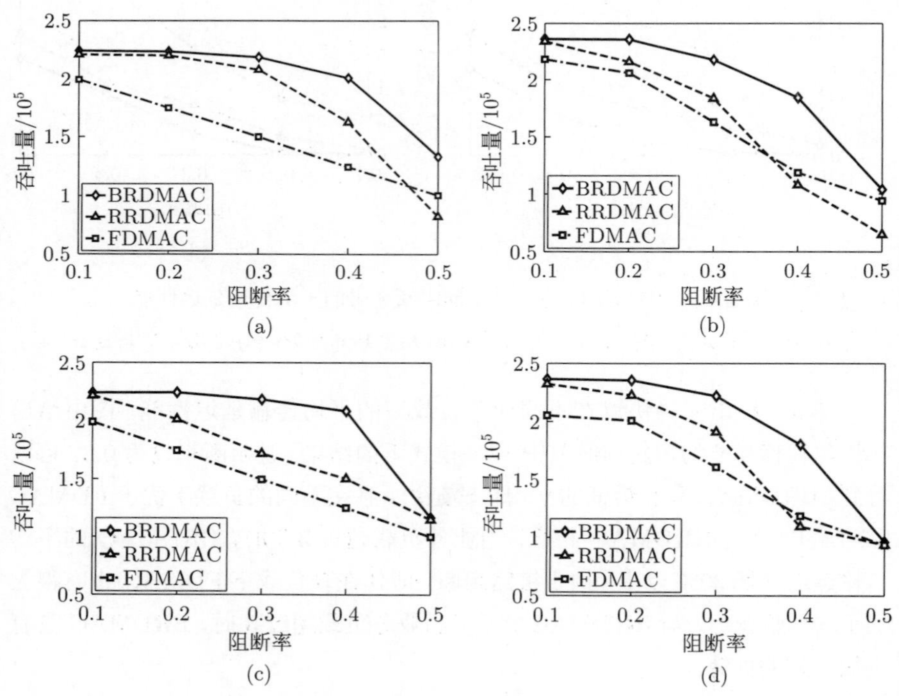

图 3.6 三种协议在不同阻断率下的吞吐量性能

(a) 均匀泊松业务；(b) 非均匀泊松业务；(c) 均匀 IPP 业务；(d) 非均匀 IPP 业务

率增加时，更多的数据包无法被中继，且被滞留在虚业务队列中。其次，对于 BRDMAC 和 RRDMAC，当阻断率增加时，更多的包被其他节点中继，将给网络增加更多额外的业务负载。当总的业务负载增加时，数据包的延迟增加，尤其是由其他节点中继的数据包。因而，数据包的延迟超过阈值的可能性增加。在三种协议之中，BRDMAC 在不同阻断率下的性能最好。随着阻断率的增大，BRDMAC 和 FDMAC 的差距增加，直到阻断率超过 0.4，这表明中继在网络中起到越来越重要的作用。当阻断率为 0.3 时，与 FDMAC 相比，BRDMAC 的吞吐量在均匀转移和非均匀转移情况下分别提高了 50% 和 37.5%。当阻断率为 0.4 时，与 FDMAC 相比，BRDMAC 的吞吐量在各种业务类型下提高了超过 60%。当阻断率超过 0.4 时，BRDMAC 的曲线突然下降。随着延迟的增加，大量的数据包，尤其是由其他节点中继的包的延迟大于阈值，这种现象可称为阈值效应。在均匀转移情况下，由于阻断链路的包无法被发送，FDMAC 的吞吐量与阻断率几乎成线性关系。

图 3.7 给出在均匀转移和非均匀转移泊松业务模式下的中继比例。在三种协议中，BRDMAC 具有最大的中继比例，表明 BRDMAC 能够更高效地利用中继来提升网络性能。对于 BRDMAC，与图 3.6 中的阈值效应一致，中继比例持续增加直到阻断率超过 0.4。当阻断率为 0.4 时，中继比例达到最大值，约为 40%。

图 3.8 给出三种协议在不同业务负载下的吞吐量。仿真参数与图 3.5 中的相同。BRDMAC 在不同的业务负载下具有最高的吞吐量，且在重负载下

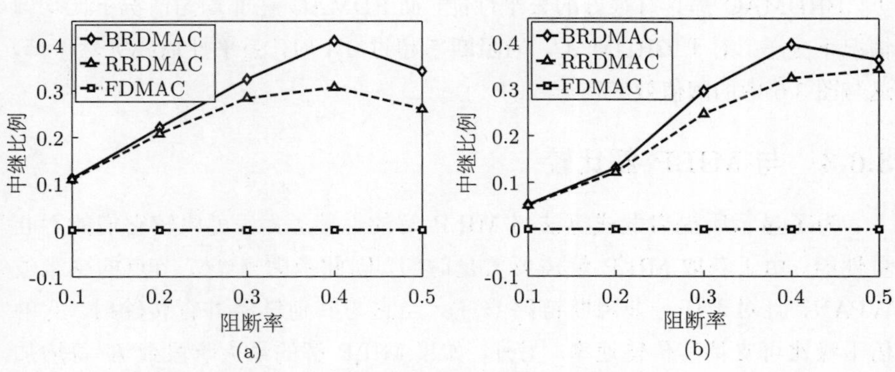

图 3.7　三种协议在不同阻断率下的中继比例

(a) 均匀泊松业务；(b) 非均匀泊松业务

有更加明显的优势。在均匀转移情况下，当业务负载大于 4 时，BRDMAC 的吞吐量与 FDMAC 和 RRDMAC 相比分别提高 33% 和 20%。在非均匀转移时，当业务负载超过 4.5 时，BRDMAC 的曲线下降，这是由于大量数据包的延迟大于阈值，特别是被其他节点中继的包。由于均匀转移时有更高的吸收概率，这一现象未在均匀转移时发生。

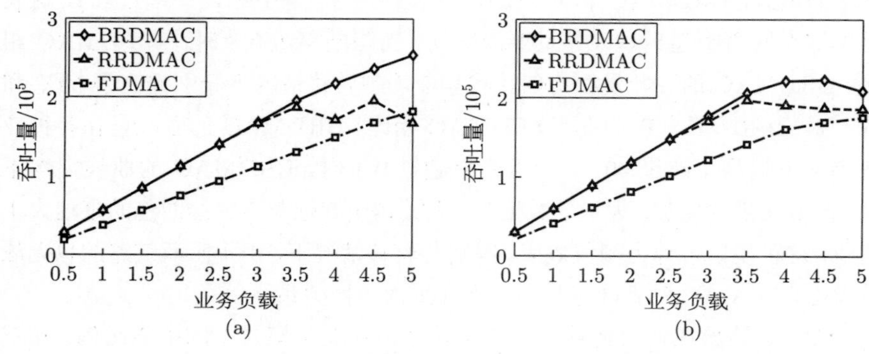

图 3.8 三种协议在不同业务负载下的吞吐量

(a) 均匀 IPP 业务；(b) 非均匀 IPP 业务

3.6.2.3 公平性

图 3.9 给出三种协议在均匀和非均匀泊松业务下的公平性能。BRDMAC 和 RRDMAC 比 FDMAC 具有更好的公平性能。在均匀和非均匀转移情况下，BRDMAC 都具有很好的公平性能，而 FDMAC 在非均匀情况下比均匀情况下更差。对于 BRDMAC，当阻断率超过 0.4 时，公平性曲线突然下降，这与图 3.6 中的阈值效应是一致的。

3.6.3 与 MILP 解比较

为了显示所提启发式算法与 MILP 解的性能差距，可比较它们的吞吐量性能。由于获取 MILP 解需要大量时间，因此考虑一个 5 节点的毫米波 WPAN，且对于任一非阻断链路 (i, j)，当它与其他链路并行传输时，它的信干噪比可支持其传输速率。另外，如果 MILP 解的最大阶段数 K 每增加 1，MILP 问题的实变量数将增加 25，二进变量数也增加 25，整数变量数增加 1。因而，将 K 设为 5 以降低计算复杂度，仿真时长设为 2×10^3 个时隙，且

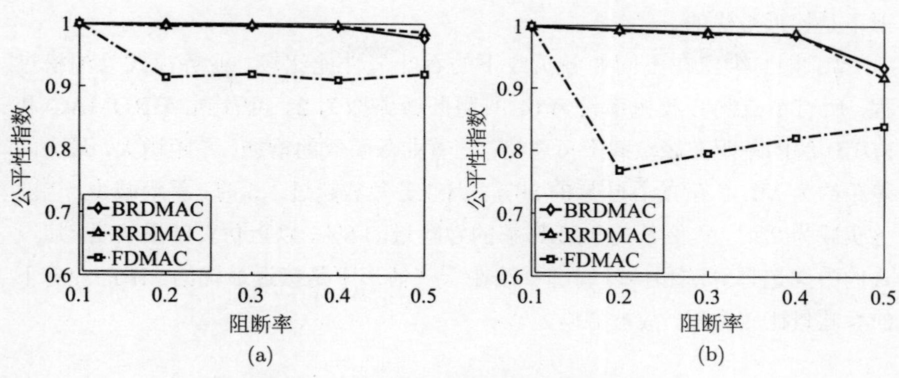

图 3.9 三种协议在不同阻断率下的公平性能

(a) 均匀泊松业务；(b) 非均匀泊松业务

延迟阈值设为 2×10^2。除了阻断链路，系统内有三种传输速率，分别对应于信道传输率矩阵中的 1，2 和 3。无链路阻断时的信道传输率矩阵按与 3.6.1 节中的相似方法设置。

图 3.10 给出在不同阻断链路数下的吞吐量性能比较。如果阻断链路数 N_b 增加 1，二进变量的数量将增加 5。因此，仅考虑 N_b 分别等于 0，2，4 和 6 的情况以降低计算复杂度。业务模式为泊松过程，且业务负载为 1.5。节点 1 和 3 的吸收概率为 0.5，而节点 2，4 和 5 的吸收概率为 0.4。可看到 BRDMAC 和 MILP 解之间的最大差距大约为 MILP 解吞吐量的 2%；当 N_b 等于 0 时，差距大约为 MILP 解吞吐量的 0.1%。因此，启发式的传输调度方案在一些情

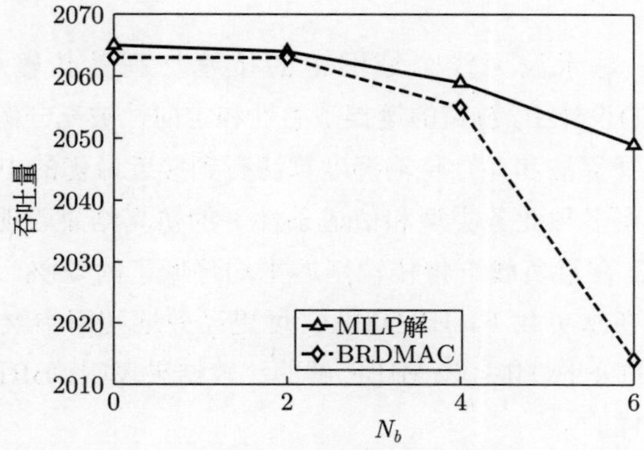

图 3.10 BRDMAC 和 MILP 解在不同阻断链路数下的吞吐量性能比较

形下是接近最优的。

图 3.11 给出在不同业务负载下的吞吐量性能比较。业务模式为泊松过程，所有节点的吸收概率设为 0，且阻断链路数为 2。可看到，BRDMAC 和 MILP 解的差距在轻负载下可忽略；随着业务负载的增加，差距增大，最大的差距约为 MILP 解的吞吐量的 26%。当业务负载超过 1.5 时，差距减少；当业务负载为 2 时，差距约为 MILP 解的吞吐量的 6%。以上仿真结果表明，启发式的中继选择算法和传输调度算法在一些情形下是接近最优的。IPP 业务下的吞吐量比较类似，故被省略。

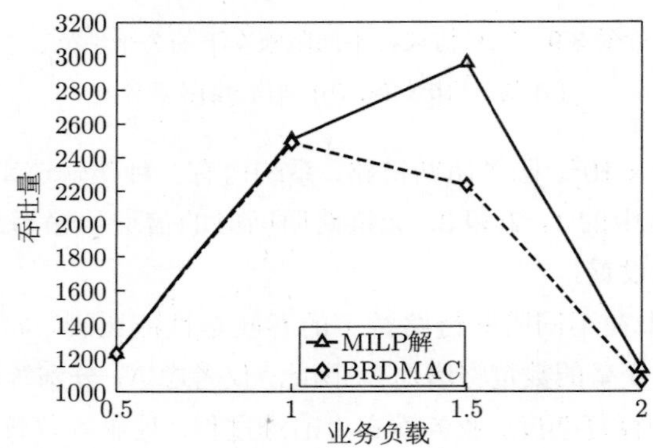

图 3.11　BRDMAC 和 MILP 解在不同业务负载下的吞吐量性能比较

3.7　小结

本章研究了毫米波无线个域网中的抗遮挡高效传输调度问题。在 BRDMAC 协议的设计中，链路的遮挡敏感性和定向性被充分考虑。BRDMAC 协议通过中继选择算法和并行传输调度算法得到接近最优的中继选择方案和传输调度方案。在多种业务类型和信道条件下的仿真结果表明，与 FDMAC 相比，BRDMAC 在重负载下将传输延迟平均降低了约 50%，将吞吐量平均提高了约 45%。在重负载下，BRDMAC 可更高效地利用中继来提升网络性能，且具有很好的公平性能。与 MILP 解的比较结果表明，BRDMAC 在一些情况下是接近最优的。

第 4 章　接入与回传联合调度下的 D2D 通信研究

4.1　引言

为了满足爆炸式的业务需求增长以及提升移动网络容量，在传统宏蜂窝网络下部署小型基站成为下一代移动网络的发展方向[105]。这种新型的网络部署方式被称为异构蜂窝网（heterogeneous cellular network，HCN）。然而，干扰从根本上限制了现有蜂窝频段通过减少小区半径所能获得的空分复用增益[51]。通过采用更高频段，如 30 GHz 和 300 GHz 之间的毫米波频段，以及通过小区的密集部署将网络拉近用户，HCN 可明显降低干扰，提高传输速率和整体的网络容量。由于毫米波频段具有巨大带宽，毫米波频段小区可提供超高速通信服务，如无压缩高清视频传输、高速因特网接入等，目前已得到了学术界、工业界和标准组织的广泛关注[106,107]。

毫米波频段的发射端和接收端采用高增益的方向性天线补偿强链路衰减[33,40,41]。由于波长短，目前已可生产毫米波频段的低成本且紧凑的片上封装天线[6,55]。同时，定向链路间的干扰降低，并行传输（空分复用）可被用来大幅度提升网络容量。另一方面，随着无线接入网的数据传输速率大幅提升，为密集部署的小区提供回传成为一个重要挑战[105]。尽管基于光纤的回传提供了更大带宽来满足要求，通过光纤充分地连接密集部署的小区具有成本高、不灵活、部署周期长的缺点。相比之下，高速无线回传成本更加低廉、灵活，且更容易部署[105,108–110]。毫米波频段的无线回传，如 60 GHz 频段，已成为一种很有前景的小区无线回传方案[109]。毫米波频段的大带宽即使采用简单的调制方式，如通断键控（on-off keying，OOK）、二进制相移键控（binary phase shift keying，BPSK）以及频移键控（frequency shift keying，FSK），也可提供数吉比特每秒的数据速率。

图 4.1 给出一种异构蜂窝网的典型场景，毫米波小区密集地部署在宏蜂窝中。在异构蜂窝网中，宏蜂窝与毫米波小区能够在一定程度上进行耦合[111]，且宏蜂窝网络对毫米波小区具有一定的可见性和无线资源管理控制功能[112]。用户可通过宏蜂窝或毫米波小区来通信。在毫米波小区中，移动用户与接入点（AP）关联，且 AP 通过无线回传链路连接。一些 AP 通过直接高速的有线连接接入因特网，被称为网关。在这个毫米波小区系统中，无线接入与无线回传都在同一频段，在提供高数据速率的同时降低实现复杂度与部署成本。考虑到毫米波通信与现有低频段通信系统的根本差异，无线接入与回传网的传输调度成为一个重要难题，这个问题存在两方面的挑战。一方面，联合考虑无线接入与回传网络成为必要[113]。首先，无线接入和回传网传输调度的联合设计可最大化无线接入和回传网中的空分复用，从而明显提升网络容量与网络性能。然后，无线接入与回传网的联合调度可高效地管理小区内与小区间的干扰。另一方面，在小区密集部署时，同一小区内或不同小区间的两个设备将有很高的概率在地理上非常接近。在这种情况下，用户可使用

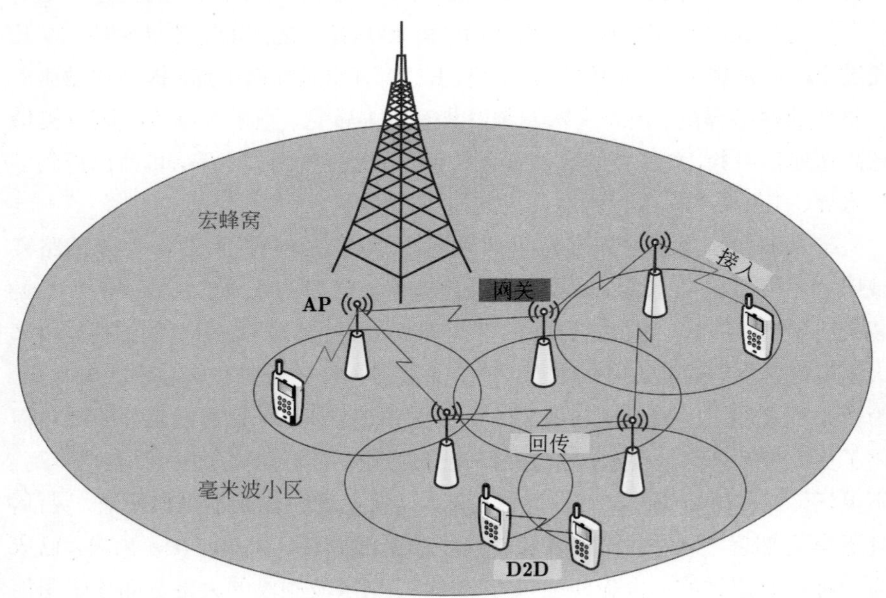

图 4.1　在宏蜂窝中毫米波小区密集部署场景

毫米波小区资源，通过设备间的直接链路来通信，而不再经过接入点。涉及发现邻近设备和与邻近设备通信的大部分情境感知应用，如流行内容下载，可受益于设备间的 D2D 通信（D2D），降低通信成本。D2D 通信实现了物理上的近距离通信，可节省功率且提高频谱效率。因此，在无线接入与回传网的联合调度设计中，需要利用 D2D 通信来进一步提升网络性能。

为了解决上述挑战，本章提出一种支持 D2D 通信的方向性 MAC 协议（D2DMAC）。在 D2DMAC 中，无线接入和回传网被联合调度，且设备间的 D2D 通信被用来提升网络吞吐量和延迟性能。如果一条流的发端和收端之间的 D2D 链路信道质量很高，设备间的 D2D 通信将被采用，而不再经过回传网络。本章的主要贡献可归纳为以下四点。

首先，本章将设备间 D2D 通信的无线接入和回传网联合传输调度问题建立为混合整数线性规划（MILP），以最小化满足所有流业务需求的时隙数。并行传输（空分复用）在问题中被充分考虑。

然后，本章提出一种高效的传输调度方案——D2DMAC。D2DMAC 由路径选择准则和传输调度算法构成。路径选择准则的路径选择参数刻画了 D2D 通信的优先级，同时传输调度算法充分利用并行传输来最大化空分复用增益。

接着，本章分析了 D2DMAC 中的并行传输条件，且推导出每一链路与其他链路并行传输的充分条件，即这条链路的接收端与干扰源的距离要大于或等于它的干扰半径。本章还分析了不同的调制编码方案、路径损耗指数、链路长度和发射功率下的干扰半径。

最后，在不同业务类型和用户分布下的仿真结果表明，D2DMAC 具有接近最优的吞吐量和延迟性能，且明显优于现有的其他相关协议。本章进一步分析了路径选择参数对性能的影响。

本章剩余部分的组织如下。

4.2 节给出无线回传和毫米波小区方面的相关工作。4.3 节介绍系统模型，并通过例子说明基本思路。4.4 节将考虑 D2D 传输的接入回传联合调度问题建立为混合整数线性规划。4.5 节给出所提方案 D2DMAC，其中包括路径选择准则和传输调度算法。4.6 节分析了 D2DMAC 中的并行传输条件。4.7 节在多种业务类型、用户分布和不同路径选择参数下对 D2DMAC 进行性能评估，并将 D2DMAC 与最优解和其他方案进行比较。最后，4.8 节对本章进行总结。

4.2 相关工作

目前，已有一些相关工作针对无线回传网。文献 [109] 通过可行性分析认识到 60 GHz 频段相比 E 波段用于短距离移动回传的优势；文献 [105] 通过联合成本最优的聚合节点布置、功率分配、信道调度和路由来优化毫米波频段的无线回传网；文献 [110] 讨论了用于小区移动回传的 60 GHz 频段和 E 波段具有动态软件定义管理功能的无线技术和光学技术；文献 [113] 讨论了在一个基于云的移动网络中联合设计无线接入和回传网的主要挑战，提出了有关物理层、MAC 层和网络层的设计思路。以上有关回传的大部分工作没有考虑接入网，且未能对接入和回传网的传输调度进行联合设计。另外，设备间的 D2D 通信也没有被用来提升网络性能。

就毫米波小区来说，很多工作采用 28 GHz 和 38 GHz 频段，可得到 200 m 以上的覆盖范围[13, 114]。文献 [51] 给出一种 60 GHz 频段的微微蜂窝结构以提升现有的 LTE 网络的容量，且通过刻画典型城市环境中的范围、反射带来的衰减、对移动和阻断的敏感性以及干扰研究了这个结构的可行性。如文献 [51] 中所示，在 60 GHz 附近的氧气吸收峰不是高容量 60 GHz 室外微微蜂窝的障碍，且来自远处基站的干扰降低可进一步促进空间复用。

在异构组网方面，也有一些相关工作[115–117]。文献 [118] 提出一种新颖的毫米波异构网络范式，称为混合异构网，利用 60 GHz 和 70~80 GHz 频段的大带宽和传播特性减少异构网中的干扰。在异构网中，不同类型网络间的互动和合作是发挥异构组网潜力的关键，可高效地解决移动性管理、垂直越区切换、从宏小区到微小区的移动数据卸载[119]、小区间干扰管理等问题。文献 [52] 提出一种毫米波加 4G 系统架构。它采用基于 TDMA 的 MAC 结构作为 5G 蜂窝网的候选方案，并将控制功能在 4G 系统中实现。高容量的毫米波通信可将业务从宏蜂窝卸载，且可为高吞吐量要求的应用提供更好的服务。另一方面，宏蜂窝基站和毫米波接入点间的越区切换可解决遮挡敏感、移动性管理、负载均衡等问题。对于毫米波网络，也有研究主张将用于信道接入和协调的控制信息分布到毫米波频段和微波频段[111]。这样，一部分重要的控制信号，如同步或信道接入请求，可在微波频段全向地发射。此时，网络耦合，即不同网络之间的集成程度，将对系统性能有重要影响[112]。紧耦合可实现更好的性能，而松耦合有更低的复杂度。因此，异构组网存在性能与复杂度的折衷。

4.3　系统概述

4.3.1　系统模型

本节考虑有多个毫米波小区部署的场景。每个小区有若干无线节点（WN）和一个接入点（AP）。AP 同步 WN 的时钟，且提供小区内的接入服务。全部 AP 组成毫米波频段的无线回传网。AP 之间的回传链路经过优化，以保证高信道质量和降低干扰。部分 AP 通过直接且高速的有线方式连接到因特网，被称为网关。剩余的 AP 与网关通信以发送（接收）数据到（从）因特网。回传网络可形成任意的拓扑，如环形拓扑、星形拓扑或树形拓扑 [120]。AP 间的回传路径被优化来最大化回传效率。为了克服毫米波频段的严重衰减，WN 和 AP 通过电子可控的方向性天线的波束赋形实现定向通信 [33]。

系统采用集中式控制。一方面，分布式控制可扩展性不好 [84]，且延迟将随着 AP 数量的增加而明显增加，不适合时隙长度只有几微秒的毫米波通信系统。进一步，分布式控制难以实现智能的控制机制。考虑到接入用户的动态行为和通信链路随时间的变化，复杂的运行环境需要智能的控制机制。另一方面，集中式控制能够采用优化的方式实现灵活的控制 [121]。类似于 IEEE 802.11ad 标准中的中心协调器 [9]，网络中的集中式控制器通常位于网关之上。系统时间被划分为不重叠的等长时隙，且控制器同步 AP 的时钟。WN 的时钟由所关联的 AP 同步。

中心控制器通过系统中的引导程序可获得最新的网络拓扑以及 AP 和 WN 的位置信息。网络拓扑可由邻居发现方案得到 [102, 122–125]。节点的位置信息可通过无线信道特征得到，如到达角（angle of arrival，AoA）、到达时间差（time difference of arrival，TDoA）或接收到的信号强度 [126, 127]。在本书的系统中，假定引导程序采用直接发现方案来获取网络拓扑 [102]。在直接发现方案中，节点在每个时隙的开端处于发送或接收状态。在发送状态，节点在随机选择的方向发送具有它的身份标识的广播包；在接收状态，节点从随机选择的方向侦听广播包。如果碰撞发生，节点发现邻居失败；否则，如果发送者未知，接收端发现一个新的邻居，且记下 AoA 和发送者的身份标识。在直接发现后，节点将发现的邻居报告给 AP，然后 AP 将获得的拓扑信息报告给中心控制器。同时，AP 可利用波束空间多输入多输出（MIMO）信道矩阵的二阶统计量和稀疏特性的改变，通过最大似然分类器得到 WN 的位置信息[126]。然后，中心控制器从 AP 处获得节点的位置信息。在相对低的移动性下，网络拓扑和位置信息将会被周期性地更新。

在网络中，有两种流传输，WN 之间的流和来自或去往因特网（网关）的流。假定网络内有 N 条流有业务需求，对于流 i，它的业务需求记为 d_i。所有流的业务需求向量记为 $\boldsymbol{d}$，$\boldsymbol{d}$ 是 $1 \times N$ 向量，且它的第 i 个元素是 d_i。在系统中，每条流有两条可能的传输路径，普通传输路径和直接传输路径（D2D 传输路径）。普通路径是通过 AP 的传输路径，可能包括从源节点到它的关联 AP 的接入链路，从源节点的关联 AP 到目的节点的关联 AP（或网关）的回传路径，以及从目的节点的关联 AP 到目的节点的接入链路。假定从源节点的关联 AP 到目的节点关联 AP 的回传路径预先由某一准则决定，如最小跳数准则、回传路径上的最小传输率最大化准则等。对于流 i 的普通路径的第 j 跳链路，记它的发端为 s_{ij}，收端为 r_{ij}，且记这条链路为 (s_{ij}, r_{ij})。直接路径为从源节点到目的节点的 D2D 传输路径，不经过回传网络且只有一跳。记流 i 的 D2D 链路为 (s_i^d, r_i^d)，其中 s_i^d 是源节点，r_i^d 是目的节点。

对于每条流 i，它的普通路径的传输速率向量记为 $\boldsymbol{c}_i^b$，其中的每一元素 c_{ij}^b 代表普通路径上第 j 跳链路的传输速率。普通路径的最大跳数记为 $H_{\max}$。记所有流的普通路径的传输速率矩阵为 $\boldsymbol{C}^b$，其中 $\boldsymbol{C}^b$ 的第 i 行为 $\boldsymbol{c}_i^b$，且 $\boldsymbol{C}^b$ 是 $N \times H_{\max}$ 矩阵。流 i 的 D2D 路径的传输速率记为 c_i^d，且所有流的 D2D 路径的传输速率向量记为 $\boldsymbol{c}^d$，是一个 $1 \times N$ 矩阵，其第 i 个元素为 c_i^d。

在视距（LOS）传输情况下，链路可达到的最大传输速率可根据香农的信道容量公式来估计。在本书的系统中，假定普通路径和 D2D 路径上的传输速率可由信道传输速率测量程序得到[99]。在此程序中，每条链路的发射端首先给接收端发送测量数据包。根据测得的这些包的信噪比，接收端估计可达到的传输速率，并且通过信噪比与调制编码方案之间的对应关系得到合适的调制编码方案。在相对较低的用户移动性下，这个程序通常被周期性地执行。此外，由于 AP 是非移动的，且通常位于高处以避免链路阻断[51]，回传链路的传输速率可认为在一段相对长的时间内保持不变。

系统中，所有的节点是半双工的，且由于每个节点与一个邻居最多有一条连接，相邻的链路无法并行传输[55]。对于不相邻的链路，采用文献 [56,97] 中的干扰模型。对于链路 (s_i, r_i) 和链路 (s_j, r_j)，从 s_i 到 r_j 接收到的功率为

$$P_{r_j,s_i} = f_{s_i,r_j} k_0 P_t l_{s_i r_j}{}^{-\gamma} \tag{4.1}$$

其中，$l_{s_i r_j}$ 是节点 s_i 和节点 r_j 之间的距离。f_{s_i,r_j} 表明 s_i 和 r_j 是否将它们的波束互相对准。如果是，$f_{s_i,r_j} = 1$；否则，$f_{s_i,r_j} = 0$。换句话说，当发端 s_i 在收端 r_j 的波束宽度之外，或者当发端 s_i 在收端 r_j 的波束宽度之内，发端 s_i 没有将它的波束对准收端 r_j 时，$f_{s_i,r_j} = 0$[52]。因而，r_j 处的信干噪比 $\mathrm{SINR}_{s_j r_j}$，可被表示为

$$\mathrm{SINR}_{s_j r_j} = \frac{k_0 P_t l_{s_j r_j}{}^{-\gamma}}{W N_0 + \rho \sum\limits_{i \neq j} f_{s_i,r_j} k_0 P_t l_{s_i r_j}{}^{-\gamma}} \tag{4.2}$$

对于链路 (s_i, r_i)，支持其传输速率 c_{s_i,r_i} 的最低信干噪比记为 $\mathrm{MS}(c_{s_i r_i})$。因此，如果每条链路 (s_i, r_i) 的信干噪比大于或等于 $\mathrm{MS}(c_{s_i r_i})$，可支持并行传输。

D2DMAC 的操作流程如图 4.2 所示。D2DMAC 是一种基于传输帧的 MAC 协议。每一个传输帧由调度部分和传输部分组成，且调度部分的调度开销可被摊销到传输部分的多组并行传输中。在调度部分，每个小区的 WN 将它们的天线对准关联 AP 后，AP 逐个地轮询每个 WN 的业务需求。然后，每个 AP 将业务需求通过回传网络报告给网关上的中心控制器。中心控制器收集业务需求的时间记为 t_{poll}。根据链路的传输速率，中心控制器计算得到满足所有流的业务需求的调度方案，用时 t_{sch}。然后，中心控制器把调度方案通过回传网推送给各个 AP。之后，每个 AP 将调度方案推送给它的关联 WN。中心控制器将调度方案推送给 AP 和 AP 将调度方案推送给关联 WN 所花的时间记为 t_{push}。在传输部分，所有 WN 和 AP 按照调度方案互相通信直到所有流的业务需求被满足。传输部分由多个传输阶段组成，且在每个阶段，多条链路并行传输。在计算调度方案时，中心控制器首先选择每条流的传输路径，D2D 路径或普通路径。之后，为了最大化传输效率，最优的调度方案要充分利用并行传输，以最少的时隙数满足所有流的业务需求。

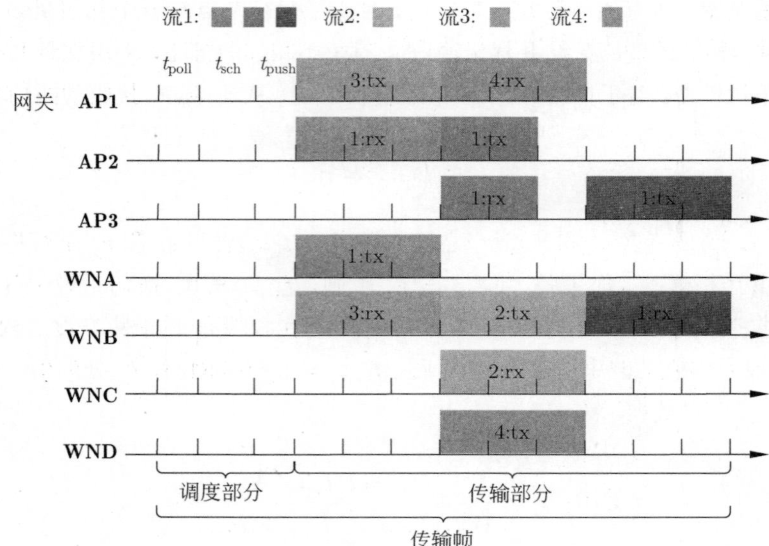

图 4.2 D2DMAC 的操作流程 (见文前彩图)

4.3.2 问题概述

为了提升传输效率，对于具有高质量 D2D 链路的流，D2D 路径传输比普通路径传输具有更高的优先级。同时，并行传输（空分复用）应被充分利用来提升网络性能。

下面，给出一个例子来说明 D2DMAC 的基本思想。在图 4.3 中，有三个小区。在小区 1，节点 C 和 D 与 AP1 关联；在小区 2，节点 A 与 AP2 关联；在小区 3，节点 B 与 AP3 关联。网络中有四条流，A $\rightarrow$ B，B $\rightarrow$ C，网关 $\rightarrow$ B 和 D $\rightarrow$ 网关。流 A $\rightarrow$ B，B $\rightarrow$ C，网关 $\rightarrow$ B 和 D $\rightarrow$ 网关的业务需求分别是 5，6，7 和 8，因而 $\boldsymbol{d} = [5\;6\;7\;8]$。数值上，它们等于要被发送的数据包的数量，且包的大小是固定的。在信道传输速率测量程序后，得到的流的普通路径的传输速率矩阵为

$$\boldsymbol{C}^b = \begin{pmatrix} 2 & 3 & 2 \\ 2 & 4 & 2 \\ 4 & 2 & 0 \\ 0 & 0 & 0 \end{pmatrix} \tag{4.3}$$

表明链路 A → AP2，AP2 → AP3 和 AP3 → B 的传输速率分别为 2，3 和 2。数值上，传输速率等于这些链路可在一个时隙内发送的数据包的数量。由于从 D 到网关（AP1）的流不需要经过回传网络，$\boldsymbol{C}^b$ 的第四行元素全部设为 0。流的 D2D 路径的传输速率向量为 $\boldsymbol{c}^d = [1\ 2\ 3\ 3]$，表明流 A → B 的 D2D 链路可在一个时隙内发送一个包；D2D 链路 AP1 → B 可在一个时隙内发送 3 个包。对于每条流，首先需要在它的 D2D 路径和普通路径间选择最优的传输路径。然后，需要充分利用并行传输，以最少的时隙数满足流的业务需求。

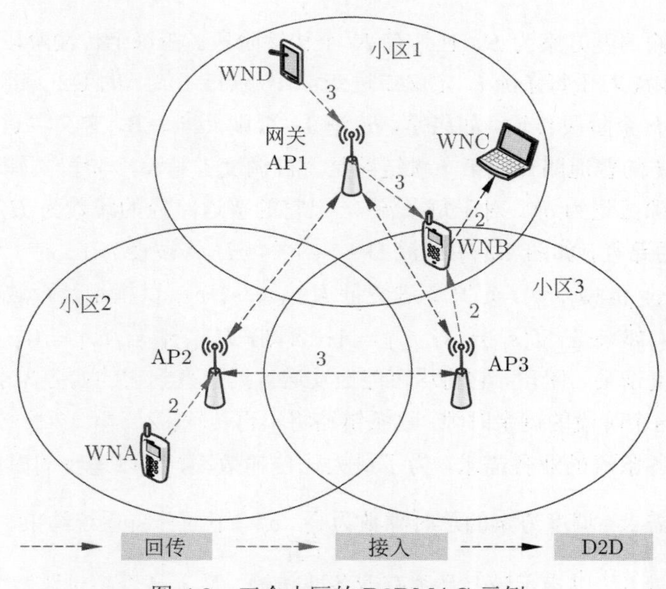

图 4.3　三个小区的 D2DMAC 示例

如果选择流 A → B 通过普通路径传输，而其他三条流通过 D2D 路径传输，可得到一个传输调度方案来满足四条流的业务需求。这个调度方案由三个传输阶段构成，如图 4.2 所示。图 4.3 中画出这个调度方案中通信的链路，且它们的传输速率被标在这些链路之上。在第一个传输阶段，接入链路 AP1 → B 和 A → AP2 占用 3 个时隙传输；在第二个传输阶段，回传链路 AP2 → AP3 占用 2 个时隙传输，D2D 链路 B → C 占用 3 个时隙传输，且接入链路 D → AP1 占用 3 个时隙传输；在第三个传输阶段，接入链路 AP3 → B 占用 3 个时隙传输。在每个阶段，每条链路的信干噪比可支持其传输速率。这个调度方案需要 9 个时隙来满足流的业务需求。相反，如果流 A → B 的业务通过 D2D 路径传输，这条流需要 5 个时隙来满足需求。由于 D2D 链路 B → C，接入链路 AP1 → B，以及 D2D 链路 A → B 是相邻的，它们无法并行传输，所以，至少需要 11 个时隙来满足这三条流的业务需求。因此，如何为流选择合适的传输路径以充分发挥 D2D 通信的优势，以及如何高效地完成接入链路、回传链路和 D2D 链路的传输调度将成为下面要研究的关键问题。

4.4 问题建立

记传输调度方案为 $\boldsymbol{S}$，且具有 K 个传输阶段。在每个传输阶段，多条链路并行传输。对于每条流 i，定义二进变量 a_i^k 以指示流 i 的 D2D 链路是否被调度于第 k 个阶段传输。如果是，$a_i^k = 1$；否则，$a_i^k = 0$。定义二进变量 b_{ij}^k，以指示流 i 的普通路径的第 j 跳链路是否被调度于第 k 个阶段传输。第 k 个阶段的时隙数记为 δ^k。对于每条流 i，记它的普通路径的跳数为 H_i；如果流 i 没有普通路径，如图 4.3 中的流 D → 网关，H_i 将被设为 1。对于任意两条链路 (s_i, r_i) 和 (s_j, r_j)，定义二进变量 $I(s_i, r_i, s_j, r_j)$ 以指示是否这两条链路是相邻的。如果是，$I(s_i, r_i, s_j, r_j) = 1$；否则，$I(s_i, r_i, s_j, r_j) = 0$。如果一条链路被调度于某一阶段，它将尽可能地发送数据包直到它的业务需求被满足。之后，在这个阶段的剩余时隙，这条链路将不再传输。

给定各条流的业务需求，为了最大化传输效率，要以最少的时隙数满足流的业务需求。调度方案的总时隙数为 $\sum\limits_{k=1}^{K} \delta^k$。下面分析系统约束。首先，定义二进变量 h_{ij} 以指示流 i 是否有业务要传输，且 j 是否超过跳数 H_i，可表示为

$$h_{ij} = \begin{cases} 1, & \text{如果 } d_i > 0 \;\&\; j \leqslant H_i, \\ 0, & \text{否则}, \end{cases} \qquad \forall\, i, j \tag{4.4}$$

在一个调度方案中，不论每条流的业务经过哪种路径传输，它的业务需求需要被满足，可表示为

$$\sum_{k=1}^{K} (\delta^k b_{ij}^k c_{ij}^b + h_{ij} \delta^k a_i^k c_i^d) \begin{cases} \geqslant d_i, & \text{如果 } d_i > 0 \;\&\; j \leqslant H_i, \\ = 0, & \text{否则}, \end{cases} \qquad \forall\, i, j \tag{4.5}$$

为了避免频繁的波束赋形或转向，在一个调度方案中每条链路只能传输

最多一次[55]。另外，每条流的业务或者通过它的 D2D 路径传输，或者通过它的普通路径传输。因而，这个约束可表示为

$$\sum_{k=1}^{K}(b_{ij}^k + h_{ij}a_i^k)\begin{cases} = 1, & \text{如果 } d_i > 0 \,\&\, j \leqslant H_i, \\ = 0, & \text{否则}, \end{cases} \quad \forall\, i,j \tag{4.6}$$

由于半双工假设，相邻的链路无法被调度于同一阶段并行传输，可表示为

$$b_{ij}^k + b_{uv}^k \leqslant 1,\ \text{如果}\ I(s_{ij}, r_{ij}, s_{uv}, r_{uv}) = 1, \quad \forall\, i,j,u,v,k \tag{4.7}$$

$$a_u^k + a_v^k \leqslant 1,\ \text{如果}\ I(s_u^d, r_u^d, s_v^d, r_v^d) = 1, \quad \forall\, u,v,k \tag{4.8}$$

$$a_i^k + b_{uv}^k \leqslant 1,\ \text{如果}\ I(s_i^d, r_i^d, s_{uv}, r_{uv}) = 1, \quad \forall\, i,u,v,k \tag{4.9}$$

由于流 i 的普通路径上传输的固有顺序，同一路径上的链路无法被调度到同一阶段并行传输，可表示为

$$\sum_{j=1}^{H_i} b_{ij}^k \leqslant 1, \quad \forall\, i,k \tag{4.10}$$

此外，流 i 的普通路径的第 j 跳链路要比第 $(j+1)$ 跳链路调度在更早的传输阶段，可表示为

$$\sum_{k=1}^{K^*} b_{ij}^k \geqslant \sum_{k=1}^{K^*} b_{i(j+1)}^k,\ \text{如果}\ H_i > 1, \quad \forall\, i, j = 1 \sim (H_i - 1),\ K^* = 1 \sim K \tag{4.11}$$

由于 K^* 从 1 变化到 K，这个约束代表的是一组约束。

并行传输时，同一阶段中每一链路的信干噪比要能支持其传输速率，对于 D2D 路径上的链路和普通路径上的链路可分别表示为

$$\frac{k_0 P_t {l_{s_{ij},r_{ij}}}^{-\gamma} b_{ij}^k}{W N_0 + \rho \sum_u \sum_v f_{s_{uv},r_{ij}} b_{uv}^k k_0 P_t {l_{s_{uv},r_{ij}}}^{-\gamma} + \rho \sum_p f_{s_p^d,r_{ij}} a_p^k k_0 P_t {l_{s_p^d,r_{ij}}}^{-\gamma}} \geqslant \mathrm{MS}(c_{ij}^b) \times b_{ij}^k, \quad \forall\, i,j,k \tag{4.12}$$

$$\frac{k_0 P_t l_{s_i^d,\, r_i^d}{}^{-\gamma} a_i^k}{WN_0 + \rho \sum_u \sum_v f_{s_{uv},\, r_i^d} b_{uv}^k k_0 P_t l_{s_{uv},\, r_i^d}{}^{-\gamma} + \rho \sum_q f_{s_q^d, r_i^d} a_q^k k_0 P_t l_{s_q^d, r_i^d}{}^{-\gamma}} \geqslant \mathrm{MS}(c_i^d) a_i^k, \quad \forall\, i, k \tag{4.13}$$

因此，最优调度问题可建立为如下所示。

$$\min \sum_{k=1}^{K} \delta^k \tag{4.14}$$

s.t.

$$b_{ij}^k \in \begin{cases} \{0,1\}, & \text{如果 } d_i > 0 \;\&\; j \leqslant H_i, \\ \{0\}, & \text{否则}, \end{cases} \quad \forall\, i, j, k \tag{4.15}$$

$$a_i^k \in \begin{cases} \{0,1\}, & \text{如果 } d_i > 0, \\ \{0\}, & \text{否则}, \end{cases} \quad \forall\, i, k \tag{4.16}$$

约束 (4.4)~(4.13)。

在上面建立的问题中，约束（4.15）表明 b_{ij}^k 是二进变量，且如果流 i 没有业务需求，或 j 超过 H_i，b_{ij}^k 将被设置为 0。约束（4.16）表明 a_i^k 是二进变量，且如果流 i 没有业务需求，a_i^k 将被设为 0。

在上述问题中，约束（4.5）、(4.12) 和约束（4.13）有二阶项，因而是非线性约束。因此，这个问题是混合整数非线性规划（MINLP），通常是 NP 难问题。对于这些二阶项，采用一种松弛技术，即线性转化技术（RLT）来将它们线性化 [101, 128]。RLT 可为非线性和非凸的多项式规划问题产生紧致的线性规划松弛。

对于约束（4.5）中的二阶项 $\delta^k b_{ij}^k$ 和 $\delta^k a_i^k$，定义替换变量 $u_{ij}^k = \delta^k b_{ij}^k$ 和 $v_i^k = \delta^k a_i^k$。定义

$$\delta_{\max} = \max_{\forall\, i, j=1\sim H_i} \left\{ \lceil d_i / c_{ij}^b \rceil, \lceil d_i / c_i^d \rceil \,|\, c_{ij}^b \neq 0, c_i^d \neq 0 \right\} \tag{4.17}$$

为一个传输阶段的最多可能的时隙数，因而可知道 $0 \leqslant \delta^k \leqslant \delta_{\max}$。由于 $0 \leqslant b_{ij}^k \leqslant 1$，$u_{ij}^k$ 的 RLT 界因子乘积约束为

$$\begin{cases} u_{ij}^k \geqslant 0, \\ \delta_{\max} b_{ij}^k - u_{ij}^k \geqslant 0, \\ \delta^k - u_{ij}^k \geqslant 0, \\ \delta_{\max} - \delta^k - \delta_{\max} b_{ij}^k + u_{ij}^k \geqslant 0, \end{cases} \quad \forall\ i,j,k \tag{4.18}$$

对于 v_i^k，可类似地得到它的 RLT 界因子乘积约束。约束（4.12）和约束（4.13）中二阶项的 RLT 线性化流程是类似地，这里不再说明。在将替换变量替换到相应约束中后，原问题被转化为混合整数线性规划（MILP），如下所示：

$$\min \sum_{k=1}^{K} \delta^k \tag{4.19}$$

s.t.

$$\sum_{k=1}^{K} (u_{ij}^k c_{ij}^b + h_{ij} v_i^k c_i^d) \begin{cases} \geqslant d_i, & \text{如果 } d_i > 0 \ \& \ j \leqslant H_i, \\ = 0, & \text{否则}, \end{cases} \quad \forall\ i,j \tag{4.20}$$

约束 (4.18) 和 v_i^k 的 RLT 界因子乘积约束；

经过 RLT 线性化的约束 (4.12) 和 (4.13) 以及生成的 RLT 界因子乘积约束；

约束 (4.4), 约束 (4.6)~(4.11) 和约束 (4.15)~(4.16)。

下面考虑图 4.3 中的例子。业务需求向量 $\boldsymbol{d}$，普通路径的传输速率矩阵 $\boldsymbol{C}^b$ 和 D2D 路径的传输速率向量 $\boldsymbol{c}^d$ 与 4.3.2 节中的相同。假定对于任意两条不相邻的链路 (s_i, r_i) 和 (s_j, r_j)，f_{s_i, r_j} 等于 0。然后，采用开源 MILP 求解软件 YALMIP 求解问题（4.19），得到路径选择方案：流 A → B 通过普通路径传输，另外三条流通过 D2D 路径传输[103]。同时，得到的最优传输调度方案有 3 个阶段，且已经在图 4.2 中说明。

本书建立的 MILP 是 NP 难问题。约束的数量为 $\mathcal{O}((\mathrm{FH_{max}})^2 K)$，其中 $H_{\max}$ 是流的普通路径的最大跳数。决策变量的数量为 $\mathcal{O}((\mathrm{FH_{max}})^2 K)$。采用分支定界算法将花费很长的计算时间，这对于实际的毫米波小区，其中一个时隙的长度只有几微秒，是无法接受的。因此，需要设计低复杂度的启发式算法来在实际中得到接近最优的解。

4.5 D2DMAC 方案

为解决所建立的 MILP 问题，应考虑两个步骤。首先，应该为每条流选择合适的传输路径，D2D 路径或普通路径；然后，应该充分利用并行传输来提升传输效率。因此，本节提出了路径选择准则来决定流的传输路径，并给出传输调度算法来用尽可能少的时隙满足流的业务需求。

4.5.1 路径选择准则

从直观上说，对于每条流，如果它的 D2D 路径链路信道质量很高，应该利用 D2D 路径传输来提高效率。对于 h 跳的传输路径 p，定义它的传输能力为

$$A(p) = \frac{1}{\sum\limits_{j=1}^{h} \frac{1}{c_j}} \tag{4.21}$$

其中，c_j 是 p 上第 j 跳链路的传输速率。如果业务量 d 通过路径 p 传输，则路径 p 上传输所需的总时间为 $\sum\limits_{j=1}^{h} \frac{d}{c_j}$。因此，$d \Big/ \sum\limits_{j=1}^{h} \frac{d}{c_j}$ 可在一定程度上表示路径 p 的吞吐能力。对于每条流，应当在 D2D 路径和普通路径之间选择具有更高传输能力的路径。路径选择准则可表示为

$$\begin{cases} \text{如果 } \dfrac{A(p_i^d)}{A(p_i^b)} \geqslant \beta, & \text{选择 } p_i^d, \\ \text{否则}, & \text{选择 } p_i^b, \end{cases} \quad \forall\, i \tag{4.22}$$

对于流 i，p_i^d 表示 D2D 路径，p_i^b 表示普通路径。β 为路径选择参数，大于或等于 1。β 越小，D2D 路径传输的优先级越高。

4.3.2 节中的例子采用路径选择准则，且 β 等于 2。得到的结果为流 A $\rightarrow$ B 通过普通路径传输，另外三条流通过 D2D 路径传输，与最优解相同。

4.5.2 传输调度算法

完成流的传输路径选择后，提出启发式的传输调度算法来充分利用并行传输提升传输效率。由于相邻的链路无法并行传输，同一传输阶段的链路是一个匹配，且同一阶段的最大链路数为 $\lfloor n/2 \rfloor$，其中 n 表示包括所有 AP 和

WN 在内的节点数。另一方面，由于每条路径上固有的传输顺序，后边的节点只有在接收到前边节点的包后才能中继，靠前的跳应在后面的跳之前传输。如果不考虑同一传输路径上跳的传输次序，传输调度过程可建模为边染色问题。为了保证传输路径上固有的传输顺序，对流的传输路径的首个未调度跳进行边染色操作。在每次染色后，已调度的跳被去除，且首个未调度跳的集合被更新。算法迭代地将流的首个未调度跳按照权重非增的次序安排进每个传输阶段，并且保证满足并行传输条件。为了最大化空分复用，当所有可能的链路被访问，或当前阶段的链路数达到 $\lfloor n/2 \rfloor$ 时，算法停止当前阶段的调度。算法迭代地执行上述过程直到所有流的所有跳的链路被调度完成。

对于每条流 i，记由路径选择准则选出的传输路径为 p_i。所有流选出的传输路径的集合记为 P，包含每条流 i 的传输路径 p_i。P 中所有跳的集合记为 H。对于每条流的传输路径上的每一跳，定义满足其业务需求的时隙数为这一跳的权重。对于流 i 的第 j 跳，它的权重记为 w_{ij}，且记这条链路为 (s_{ij}, r_{ij})，其传输速率为 c_{ij}。路径 p_i 上首个未调度跳的序号记为 $F_u(p_i)$。在第 t 个阶段，未访问的路径集合记为 P_u^t。第 t 个阶段的方向性链路的集合记为 H^t，且 H^t 中链路的顶点的集合记为 V^t。

传输调度算法的伪代码在算法 4.1 中给出。在初始化时，算法得到由路径选择准则选出的流的传输路径的集合 P。算法从 P 得到跳的集合 H，以及每一跳的权重。由于算法要从每条路径的第一跳开始调度，每一路径 p_i 的 $F_u(p_i)$ 设为 1。如算法第 1 行所示，算法迭代地将 H 的每一跳调度进每个阶段，直到 H 中的所有跳被成功调度。在开始调度每个传输阶段时，P 中的所有路径是未访问的，如算法第 4 行所示。在每个阶段，算法迭代地访问每一可能的跳，直到所有可能的跳被访问，或者阶段内的链路数达到 $\lfloor n/2 \rfloor$，如算法第 5~24 行所示。在算法第 6 行，算法得到未访问路径的首个未调度跳的集合 H_u^t，且在第 7 行得到 H_u^t 中具有最大权重的跳 $(s_{iF_u(p_i)}, r_{iF_u(p_i)})$。然后算法检查是否这一跳与已在阶段中的链路相邻，如算法第 8 行所示。如果不相邻，这一跳将会被选为候选链路，并被加入这个阶段，如算法第 9~10 行所示。算法在第 11~16 行检查阶段内链路的并行传输条件。如果阶段内任一链路无法支持其传输速率，候选链路将被移出这个阶段，如算法第 13~14 行和第 20~21 行所示。如果阶段内链路的并行传输条件得到满足，新加入的链路将被移出 H，如第 17 行所示。算法在第 18 行更新这个传输阶段的时隙数以

算法 4.1 传输调度算法

初始化: 由流的传输路径的集合 P 获取 P 中跳的集合 H，及每一跳 $(s_{ij}, r_{ij}) \in H$ 的权重 w_{ij}。对于每一路径 $p_i \in P$，设 $F_u(p_i) = 1$。t=0。

迭代:

1. **while** $(|H| > 0)$ **do**
2. $t = t + 1$;
3. 设 $V^t = \varnothing$, $H^t = \varnothing$ 和 $\delta^t = 0$;
4. 设 $P_u^t = P$;
5. **while** ($|P_u^t| > 0$ 且 $|H^t| < \lfloor n/2 \rfloor$) **do**
6. 获取 P_u^t 中路径的首个未调度跳的集合 H_u^t;
7. 获取具有最大权重的跳 $(s_{iF_u(p_i)}, r_{iF_u(p_i)}) \in H_u^t$;
8. **if** ($s_{iF_u(p_i)} \notin V^t$ 且 $r_{iF_u(p_i)} \notin V^t$) **then**
9. $H^t = H^t \cup \{(s_{iF_u(p_i)}, r_{iF_u(p_i)})\}$;
10. $V^t = V^t \cup \{s_{iF_u(p_i)}, r_{iF_u(p_i)}\}$;
11. **for** H^t 中的每一链路 (s_{ij}, r_{ij}) **do**
12. 计算链路 (s_{ij}, r_{ij}) 的信干噪比, $\mathrm{SINR}_{s_{ij}r_{ij}}$;
13. **if** ($\mathrm{SINR}_{s_{ij}r_{ij}} < \mathrm{MS}(c_{ij})$) **then**
14. 转到第 20 行;
15. **end if**
16. **end for**
17. $H = H - \{(s_{iF_u(p_i)}, r_{iF_u(p_i)})\}$;
18. $\delta^t = \max\{\delta^t, w_{iF_u(p_i)}\}$;
19. $F_u(p_i) = F_u(p_i) + 1$; 转到第 22 行;
20. $H^t = H^t - \{(s_{iF_u(p_i)}, r_{iF_u(p_i)})\}$;
21. $V^t = V^t - \{s_{iF_u(p_i)}, r_{iF_u(p_i)}\}$;
22. **end if**
23. $P_u^t = P_u^t - p_i$;
24. **end while**
25. 输出 H^t 和 δ^t;
26. **end while**

满足新加链路的业务需求。新加链路所在路径的首个未调度跳的序号将增加 1，如第 19 行所示。候选链路所在的路径将被移出未访问路径的集合，如第 23 行所示。算法将每个传输阶段的调度结果在第 25 行输出。

将此传输调度算法应用到 4.3.2 节中的例子，得到的调度方案如下：在第一个传输阶段，流 A $\rightarrow$ B 的第一跳 A $\rightarrow$ AP2，链路 B $\rightarrow$ C，和链路 D $\rightarrow$ AP1 传输，占用 3 个时隙；在第二个传输阶段，流 A $\rightarrow$ B 的第二跳 AP2 $\rightarrow$ AP3 占用 2 个时隙传输，链路 AP1 $\rightarrow$ B 占用 3 个时隙传输；在第三个传输阶段，流 A $\rightarrow$ B 的第三跳链路 AP3 $\rightarrow$ B 占用 3 个时隙传输。这个调度方案总的时隙数与采用优化软件得到的相同。然而，所提的算法的复杂度为 $\mathcal{O}(n^4)$，是伪多项式时间解，易于实现。

如第 1 章中所述，28 GHz 频段的毫米波通信更适用于室外场景。另一方面，文献 [51] 通过基于现有 60 GHz 无线设备的充分测量及系统级仿真证实高容量的 60 GHz 室外微微蜂窝的部署没有根本的困难。因此，本书的方案可应用于接入频段为 28 GHz 或 60 GHz 的毫米波小区密集部署场景。在无线回传方面，更高的频段具有更大的带宽，可支持更高的容量。因此，本书的方案一般用于回传频段为 60 GHz 或 E 波段的场景，只需要相应地调整方案中的参数，以适用于不同的接入和回传频段，即可将所提方案应用于不同场景下。需要注意的是，当接入网与回传网的频段不同时，接入与回传链路间的干扰将不存在。

4.6　性能分析

并行传输条件决定了 D2DMAC 中同一传输阶段并行传输的链路，因而，并行传输条件对 D2DMAC 的调度效率有很重要的影响。本节对 D2DMAC 中的并行传输条件作出详细分析。

假定有 M 条不相邻的链路 (s_1,r_1),(s_2,r_2),$\cdots$,(s_M,r_M)，其中 M 小于或等于 $\lfloor n/2 \rfloor$。这 M 条链路要想并行传输，每条链路的信干噪比要大于或等于支持其传输速率的最低信干噪比。对于链路 (s_1,r_1)，它的信干噪比要满足

$$\frac{k_0 P_t {l_{s_1 r_1}}^{-\gamma}}{W N_0 + \rho \sum\limits_{m=2}^{M} f_{s_m,r_1} k_0 P_t {l_{s_m r_1}}^{-\gamma}} \geqslant \mathrm{MS}(c_{s_1 r_1}) \tag{4.23}$$

将其转化为

$$\sum_{m=2}^{M} f_{s_m,r_1} {l_{s_m r_1}}^{-\gamma} \leqslant \Big(\frac{k_0 P_t {l_{s_1 r_1}}^{-\gamma}}{\mathrm{MS}(c_{s_1 r_1})} - W N_0\Big)/(\rho k_0 P_t) \tag{4.24}$$

可看作链路 (s_1, r_1) 的空分复用区域，且记为 SRR_1。如果 $l_{s_2 r_1}, l_{s_3 r_1}, \cdots, l_{s_M r_1}$ 是独立同分布的随机变量，概率密度函数为 $f(x)$，则链路 (s_1, r_1) 可支持传输速率 $c_{s_1 r_1}$（考虑来自 (s_2, r_2),(s_3, r_3),$\cdots$,(s_M, r_M) 的干扰）的概率为

$$B_{s_1 r_1} = \int \cdots \int_{\mathrm{SRR}_1} f(l_{s_2 r_1}) \cdots f(l_{s_M r_1}) dl_{s_2 r_1} \cdots dl_{s_M r_1} \tag{4.25}$$

类似地，链路 (s_2, r_2),(s_3, r_3),$\cdots$,(s_M, r_M) 的空分复用区域也可得到，并记为 SRR_2,SRR_3,$\cdots$,SRR_M。这些链路支持其传输速率的概率也可得到，并记为 $B_{s_2 r_2}$,$B_{s_3 r_3}$,$\cdots$,$B_{s_M r_M}$。因此，链路 (s_1, r_1), (s_2, r_2),$\cdots$,(s_M, r_M) 并行传输的概率为

$$B_{s_1 r_1, s_2 r_2, \cdots, s_M r_M} = B_{s_1 r_1} B_{s_2 r_2} \cdots B_{s_M r_M} \tag{4.26}$$

对于链路 (s_1, r_1)，如果有 $F_{s_1 r_1}$ 条链路对链路 (s_1, r_1) 有干扰，即 $\sum_{m=2}^{M} f_{s_m,r_1} = F_{s_1 r_1}$，可以从式（4.24）中推导出链路 (s_1, r_1) 支持传输速率 $c_{s_1 r_1}$ 的充分条件如下所示。对于这 $F_{s_1 r_1}$ 条链路中的每一链路 (s_m, r_m)，如果发送端 s_m 和 r_1 节点间的距离 $l_{s_m r_1}$ 满足

$$l_{s_m r_1} \geqslant (\rho k_0 P_t F_{s_1 r_1})^{1/\gamma} \Big/ \Big(\frac{k_0 P_t {l_{s_1 r_1}}^{-\gamma}}{\mathrm{MS}(c_{s_1 r_1})} - W N_0\Big)^{1/\gamma} \tag{4.27}$$

链路 (s_1, r_1) 的信干噪比将可支持其传输速率，且式（4.27）的右侧项可看作链路 (s_1, r_1) 的干扰半径。$F_{s_1 r_1}$ 条链路的发送端和 r_1 节点间的距离应大于或等于链路 (s_1, r_1) 的干扰半径以支持 (s_1, r_1) 的传输速率。类似地，可得到其他链路的干扰半径。

图 4.4 给出链路 (s_1, r_1) 在不同干扰链路数下的干扰半径。带宽 W 设为 1760 MHz，且 $l_{s_1 r_1}$ 设为 2 m。ρ 设为 1，且发射功率 P_t 设为 0.1 mW，其他参数与文献 [56] 表 1 中的参数相同。在图 4.4(a) 中，比较了 IEEE 802.11ad 标准中的三种调制编码方案、正交相移键控（ouadrature phase shift keying，QPSK）和码率分别为 1/2，3/4 和 7/8 的低密度奇偶校验码（low density parity check code，LDPC）。根据它们在文献 [83] 中的误比特率性能（bit error rate，BER），它们支持 1760 兆比特每秒（million bits per second，Mbps），2640 Mbps 和 3080 Mbps 的最低信干噪比分别是 5 dB，8 dB 和 10 dB。路径损耗指数设为 2。从结果中可看到干扰半径随着干扰链路数增加而增加。干扰源越多，它们就应离 r_1 节点越远以减少干扰。另一方面，干扰半径也随支持 $c_{s_1r_1}$ 的最低信干噪比 $MS(c_{s_1r_1})$ 的增加而增加。当 $c_{s_1r_1}$ 增加时，需要更高的信干噪比，因而干扰源应离 r_1 节点更远来避免严重干扰。

在图 4.4(b) 中，比较了不同路径损耗指数下的干扰半径，采用的调制编码方案为 QPSK 和码率为 1/2 的 LDPC 码。可看到，干扰半径随着路径损耗指数的增加而减小。当路径损耗指数更高时，干扰功率随距离下降得更加快速，因而干扰源可离 r_1 节点更近。

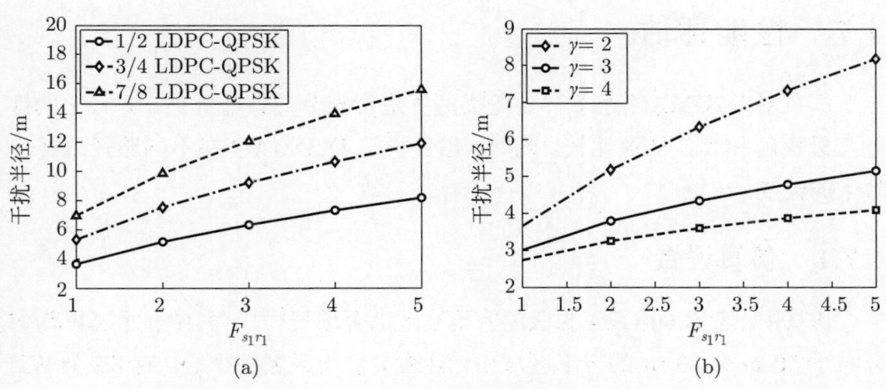

图 4.4　链路 (s_1, r_1) 在不同干扰链路数下的干扰半径

(a) 不同调制编码方案；(b) 不同路径损耗指数

图 4.5 中给出不同链路长度和发射功率下的干扰半径。调制编码方案为 QPSK 和码率为 7/8 的 LDPC 码。从图 4.5(a) 中可以看到干扰半径随着链路长度 $l_{s_1r_1}$ 增加而明显增加。链路长度越长，接收到的信号功率越少，因而，干扰源要离 r_1 节点越远。因此，在用户密集分布的场景下，链路长度平均来说更短，干扰半径也更短，表明并行传输条件在这种情况下更容易满足。从图 4.5(b) 中可看到干扰半径随着发射功率增加而减小。当发射功率强时，接

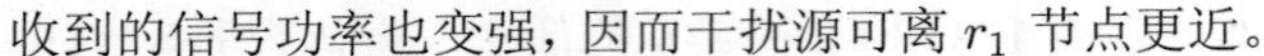

收到的信号功率也变强，因而干扰源可离 r_1 节点更近。

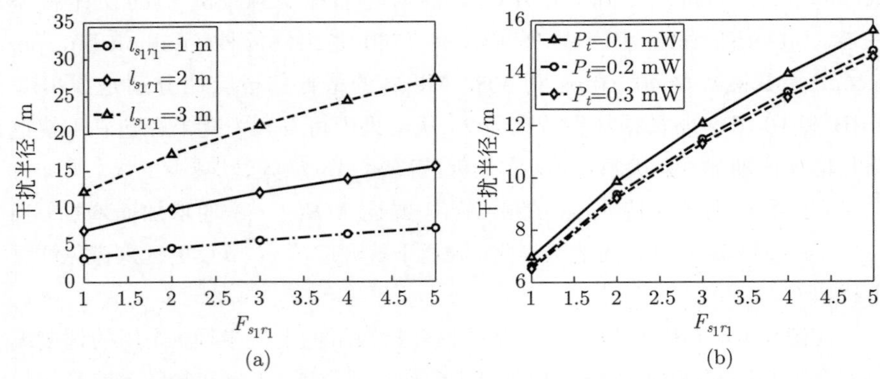

图 4.5 链路 (s_1, r_1) 在不同干扰链路数下的干扰半径

(a) 不同链路长度；(b) 不同发射功率

4.7 性能评估

本节对 D2DMAC 在多种业务类型下进行充分的性能评估，并将它的性能与最优解和其他协议比较。同时，也分析了 D2DMAC 在不同路径选择参数下的性能。

4.7.1 仿真设置

仿真中，考虑 60 GHz 频段的密集小区部署场景[129]，其中 9 个 AP 均匀分布于 50 m × 50 m 的方形区域中，且网关位于区域的中心。有 30 个 WN 均匀分布在这个区域中，且每个 WN 与最近的 AP 关联。采用文献 [33] 表 2 中的仿真参数，均已列在表 4.1 中。时隙的长度设为 5 μs，且数据包的大小设为 1000 字节。根据节点间的距离，系统中有 3 种传输速率，2 Gbps，4 Gbps 和 6 Gbps。对于回传网的链路，由于更好的信道条件，传输速率设为 6 Gbps。当传输速率为 2 Gbps 时，一个时隙内可发送一个数据包[55]。AP 可在一个时隙内访问 $\left\lfloor \dfrac{T_{\text{slot}}}{T_{\text{ShFr}} + 2T_{\text{SIFS}} + T_{\text{ACK}}} \right\rfloor$ 个节点[55]。对于一个 10 节点的小区，AP 可在一个时隙内完成业务需求轮询或调度方案推送。在回传网经过优化后，中心控制器和 AP 间的控制信息传输可在几个时隙内完成。因而，中心控制器可在几个时隙内完成业务需求轮询或调度方案推送。通常，中心控制器需要几个时隙来计算传输调度方案。仿真时长设为 0.5 s，且延迟阈值设为 10^4 个时隙。传输延迟大于阈值的数据包将被丢弃。初始时，每条流有几个随机生成的数据包准备发送。仿真中，非相邻的链路可被调度以实现并行传输。由于重传不是本章的重点，因此在仿真中没有考虑重传。

表 4.1　仿真参数

参数	符号	值
传输速率	R	2Gbps, 4Gbps, 6 Gbps
传播延迟	δ_p	50 ns
时隙长度	T_{slot}	5 μs
物理层开销	T_{PHY}	250 ns
短 MAC 帧发送时间	T_{ShFr}	$T_{\text{PHY}}+14\times 8/R+\delta_p$
数据包传输时间	T_{packet}	$1000\times 8/R$
SIFS 间隔	T_{SIFS}	100 ns
ACK 包发送时间	T_{ACK}	T_{ShFr}

在仿真中设置两种业务模式，泊松过程业务和间歇泊松过程业务。

（1）泊松过程：数据包按照到达率为 λ 的泊松过程到达每条流。泊松过程业务下的业务负载 Tl 定义为

$$\text{Tl}=\frac{\lambda LN}{R} \tag{4.28}$$

其中，L 是数据包大小，N 是流数，R 设为 2 Gbps。

（2）间歇泊松过程：数据包按照间歇泊松过程（IPP）到达每条流。参数有 $\lambda_1, \lambda_2, p_1$ 和 p_2。到达间隔服从二阶超指数分布，均值为

$$E(X)=\frac{p_1}{\lambda_1}+\frac{p_2}{\lambda_2} \tag{4.29}$$

这种模式下的业务负载定义为

$$Tl=\frac{LN}{E(X)R} \tag{4.30}$$

通过以下四种指标来评估系统性能。记仿真中流 i 发送的包的集合为 S_i。对于 S_i 中每一包 e，它以时隙为单位的延迟记为 y_e。延迟阈值记为 TH。

（1）平均传输延迟：从所有流接收到的包的平均传输延迟，以时隙为单位，可表达为

$$\mathrm{TD}=\frac{\sum\limits_{i=1}^{N}\sum\limits_{e\in S_i}y_e}{\sum\limits_{i=1}^{N}|S_i|} \tag{4.31}$$

（2）网络吞吐量：所有流直到仿真结束时总的成功传输的数量。对于每一包，如果它的延迟小于或等于延迟阈值，将被记为一次成功传输。当仿真时长和包的大小固定时，成功传输的数量很好地说明了网络吞吐量性能，可表示为

$$\mathrm{NT}=\sum_{i=1}^{N}|\{e|e\in S_i,\ y_e\leqslant \mathrm{TH}\}| \tag{4.32}$$

（3）平均流延迟：一些流的平均传输延迟。在仿真中，考虑了两种情况。第一种情况是 WN 之间的流的平均传输延迟。记 WN 间的流的集合为 B_{W}，则此时的平均流延迟可表示为

$$\mathrm{FD}_1=\frac{\sum\limits_{i\in B_{\mathrm{W}}}\sum\limits_{e\in S_i}y_e}{\sum\limits_{i\in B_{\mathrm{W}}}|S_i|} \tag{4.33}$$

在第二种情况下，评估来自或到达因特网的流的平均传输延迟。记来自或到达因特网的流的集合为 I_{N}，这种情况下的平均流延迟可表示为

$$\mathrm{FD}_2=\frac{\sum\limits_{i\in I_{\mathrm{N}}}\sum\limits_{e\in S_i}y_e}{\sum\limits_{i\in I_{\mathrm{N}}}|S_i|} \tag{4.34}$$

（4）流吞吐量：到仿真结束流实现的成功传输的数量。对于 WN 之间的流，评估它们的平均流吞吐量，可表示为

$$\mathrm{FT}_1=\frac{\sum\limits_{i\in B_{\mathrm{W}}}|\{e|e\in S_i,\ y_e\leqslant \mathrm{TH}\}|}{|B_{\mathrm{W}}|} \tag{4.35}$$

对于来自或到达因特网的流，它们的平均流吞吐量可表示为

$$\mathrm{FT}_2 = \frac{\sum_{i \in I_{\mathrm{N}}} |\{e|e \in S_i,\ y_e \leqslant \mathrm{TH}\}|}{|I_{\mathrm{N}}|} \tag{4.36}$$

仿真中，将 D2DMAC 与以下三种基准方案进行比较。

（1）ODMAC：在 ODMAC 中，所有流通过普通路径传输，且不存在设备间的 D2D 通信。ODMAC 的传输调度算法与 D2DMAC 相同，因而，ODMAC 是显示 D2DMAC 中 D2D 通信作用的较佳基准方案。

（2）RPDMAC：RPDMAC 随机地为每条流在普通路径和 D2D 路径间选择传输路径。传输调度算法与 D2DMAC 相同，因而，RPDMAC 是显示 D2DMAC 中路径选择准则的优势的较佳基准方案。

（3）FDMAC-E：FDMAC-E 是文献 [55] 中 FDMAC 方案的拓展，据悉，FDMAC 在空分复用方面有最高的效率。在 FDMAC-E 中，传输路径选择的方式与 D2DMAC 相同，且路径选择参数 β 等于 2。为了显示回传优化的作用，FDMAC-E 将接入链路和回传链路分别调度。从 WN 到 AP 的接入链路由 FDMAC 协议中的贪心染色算法调度。传输路径上的回传链路由串行 TDMA 方案调度。从 AP 到 WN 的接入链路也由 FDMAC 协议中的贪心染色算法调度。

4.7.2 与最优解的比较

首先将 D2DMAC 与 MILP 问题的最优解进行比较，其中路径选择参数 β 设为 2。由于得到最优解需要很长时间，因此在 9 个小区、10 个用户和 10 条流的场景下仿真。仿真时长设为 0.025 s，且延迟阈值设为 50 个时隙。业务负载与 4.7.1 节中的定义相同，其中 N 等于 10。

图 4.6 给出 D2DMAC 和最优解在泊松过程业务下的延迟和吞吐量性能比较结果。可看到，当业务负载不超过 1.5625 时，D2DMAC 和最优解在延迟方面的差距是可忽略的；随着业务负载的增加，差距缓慢增加。在网络吞吐量方面，D2DMAC 和最优解的差距可忽略。当业务负载是 2.8125 时，差距仅约为 2.9%。因此，D2DMAC 可在一些情形下实现接近最优的性能。此外，在路径选择参数 β 经过优化后，D2DMAC 和最优解间的差距将进一步缩小。

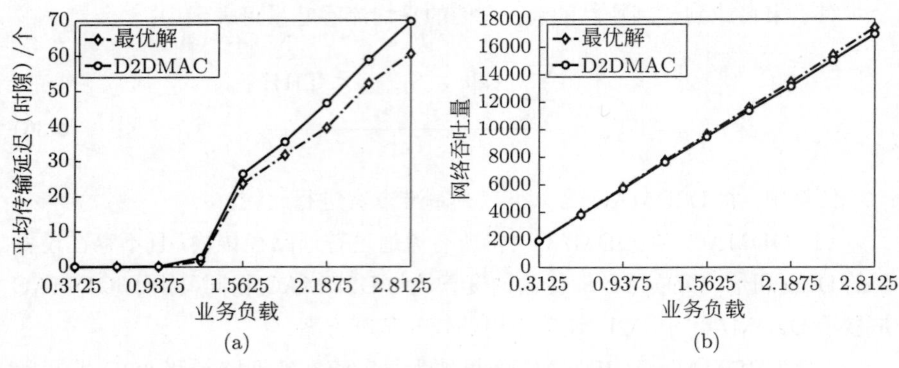

图 4.6 D2DMAC 和最优解的延迟与吞吐量比较

(a) 平均传输延迟；(b) 网络吞吐量

在图 4.7 中，给出 D2DMAC 和最优解在泊松过程业务下的调度方案计算的执行时间对比。可以看到，最优解的获取要比 D2DMAC 花费长得多的时间，且差距随着业务负载增加。相比之下，D2DMAC 的计算复杂度要低得多。

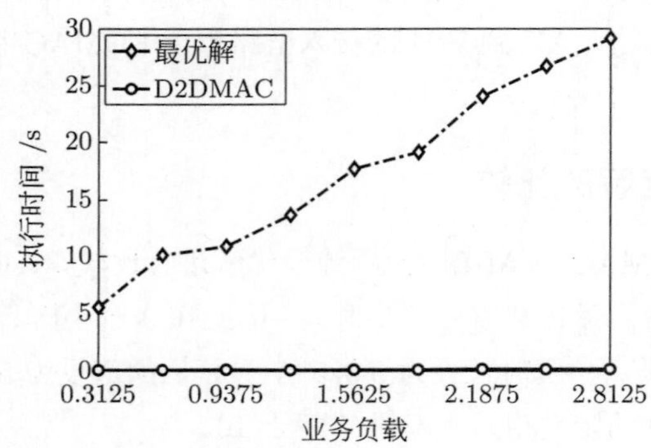

图 4.7 D2DMAC 和最优解的执行时间对比

4.7.3 与其他方案的比较

图 4.8 给出 D2DMAC，RPDMAC，ODMAC 和 FDMAC-E 在不同业务负载下的网络吞吐量。路径选择参数 β 设为 2。可以看到，在负载为 0.5~1.5 时，所有方案的吞吐量几乎相同。然而，ODMAC 在负载为 1.5 时吞吐量开

始下降，RPDMAC 在负载为 2 时吞吐量开始下降，FDMAC-E 在负载为 4.5 时吞吐量开始下降。相反，D2DMAC 的吞吐量随着业务负载几乎线性增长。在泊松过程业务下，在业务负载为 5 时，D2DMAC 的吞吐量胜于 RPDMAC 7 倍多。由于 ODMAC 中没有 D2D 通信，D2DMAC 和 ODMAC 的差距大于 D2DMAC 和 RPDMAC 间的差距，表明 D2D 通信可明显提升网络吞吐量。D2DMAC 和 FDMAC-E 的吞吐量在负载为 2.5 时开始分叉，且差距随着业务负载增加而增加。当业务负载为 5 时，与 FDMAC-E 相比，D2DMAC 的网络吞吐量在泊松过程业务下提升了约 55.8%。由于 FDMAC-E 的传输路径与 D2DMAC 相同，它们间的差距由 D2DMAC 中接入和回传链路的联合调度引起。因此，接入与回传网的联合调度可进一步提升系统性能。

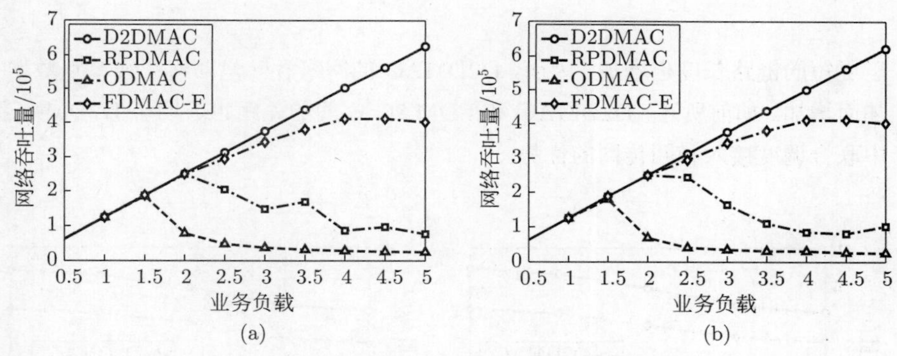

图 4.8　四种方案在不同业务负载下的网络吞吐量

(a) 泊松业务；(b) IPP 业务

进一步，在图 4.9 中给出四种方案在 IPP 业务模式下的平均流吞吐量性能。可以看到，结果与图 4.8 中的一致，表明 D2DMAC 可明显提升 WN 间的流和来自或到达因特网的流的吞吐量。

为了分析 WN 分布密度对 D2DMAC 性能的影响，探究了五种用户分布，即 20，25，30，35 个和 40 个无线节点均匀分布在 50 m × 50 m 的方形区域中。业务负载设为 4。图 4.10 给出四种方案在不同无线节点分布下的网络吞吐量性能。可以看到，D2DMAC 明显胜过其他三种方案。D2DMAC 的网络吞吐量随着无线节点数的增加而增加。随着无线节点的增加，无线节点分布密度增加，节点间的平均距离减小。在这种情况下，由于回传网络没有改变，因此将会有更多的流通过 D2D 路径传输。同时，D2D 路径的传输速率由

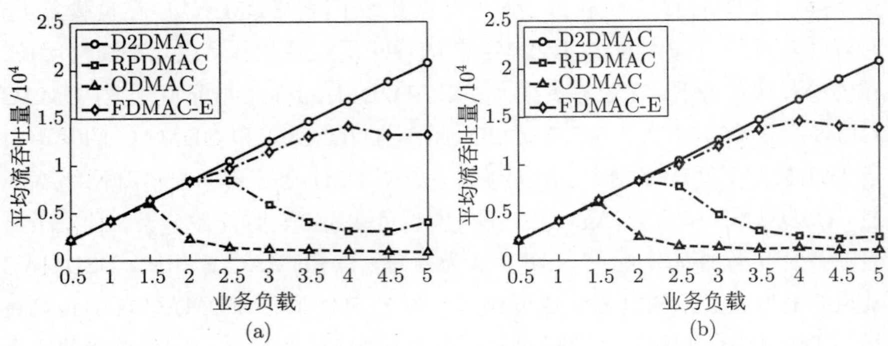

图 4.9 四种方案在 IPP 业务模式下的平均流吞吐量

(a) WN 间的流；(b) 来自或去因特网的流

于更短的链路长度也增加。因而，D2DMAC 的网络吞吐量随着无线节点数增加而增加。如前所述，D2DMAC 和 FDMAC-E 间的差距也表明了 D2DMAC 中联合调度接入和回传网的优势。

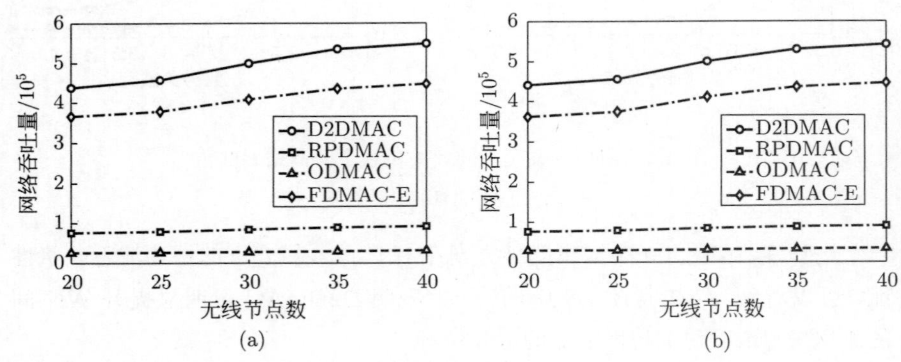

图 4.10 四种方案在不同无线节点分布下的网络吞吐量

(a) 泊松业务；(b) IPP 业务

图 4.11 给出四种方案在不同无线节点分布下的平均流吞吐量。可以看到，结果与图 4.10 中的一致，表明在无线节点密集分布场景下，D2DMAC 更好地利用了 D2D 传输来提升网络性能。结合图 4.5(a) 的结果，证实了 D2DMAC 在下一代移动网络的用户密集分布场景下具有更好的性能。

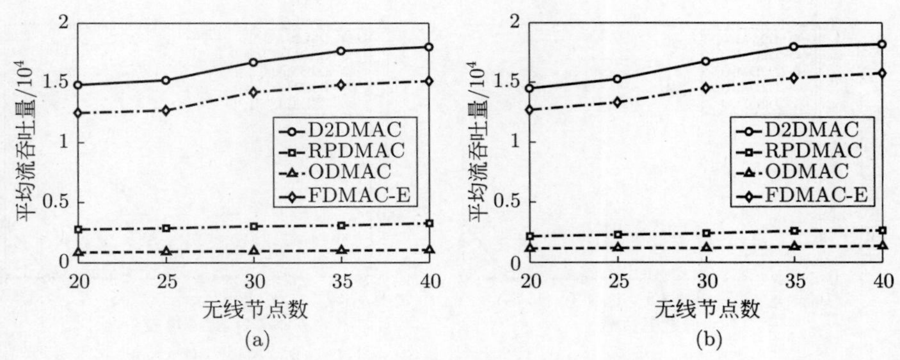

图 4.11　四种方案在不同无线节点分布下的平均流吞吐量

(a) WN 间的流；(b) 来自或去因特网的流

4.7.4　不同路径选择参数下的性能

在不同的路径选择参数下，β 分别等于 1，2，3，4 和 5，本研究评估了 D2DMAC 的性能。为了简便，这些情况下的 D2DMAC 记为 D2DMAC-1，D2DMAC-2，D2DMAC-3，D2DMAC-4 和 D2DMAC-5。

4.7.4.1　延迟性能

图 4.12 给出 D2DMAC 在不同路径选择参数下的平均传输延迟。可以看到，随着业务负载的增加，延迟增加，且 β 对性能有很大的影响。其中，D2DMAC-2 具有最好的延迟性能。当 β 从 5 降到 2 时，延迟性能越来越好；当 β 是 1 时，性能变差。β 越小，D2D 通信的优先级越高。在一些情形下，通过回传网的传输优于 D2D 传输。例如，当设备间的距离远时，D2D 传输可能不是最优的。另外，通过回传网的传输通常有多跳，可增加来自不同流的跳的并行传输的可能性。因此，路径选择参数 β 应根据实际的网络状态和设置来优化以达到最佳性能。

图 4.13 给出 D2DMAC 在不同路径选择参数下的平均流延迟性能，业务模式为 IPP 业务。可以看到，不论对于 WN 间的流还是来自或去因特网的流，D2DMAC 在 β 等于 2 时胜过其他情形。因此，路径选择参数需要进一步优化来实现低的流延迟。

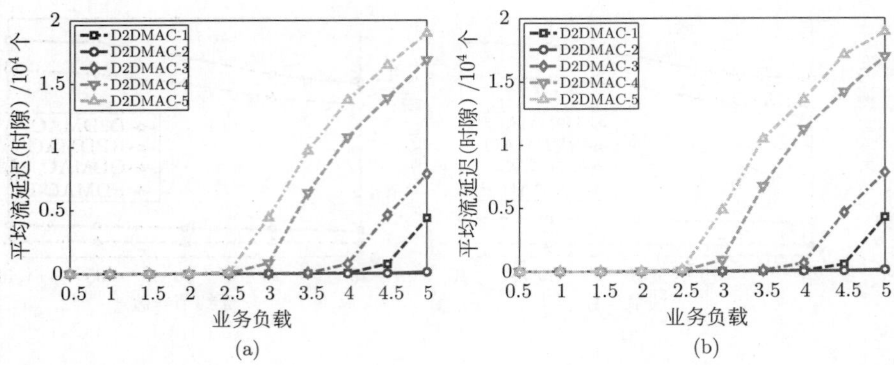

图 4.12 D2DMAC 在不同路径选择参数下的平均传输延迟

(a) 泊松业务；(b) IPP 业务

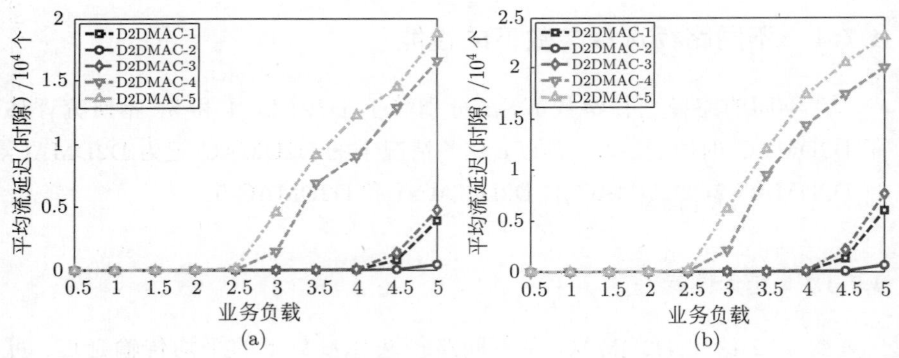

图 4.13 D2DMAC 在不同路径选择参数下的平均流延迟

(a) WN 间的流；(b) 来自或去因特网的流

4.7.4.2 吞吐量性能

图 4.14 给出 D2DMAC 在不同路径选择参数下的网络吞吐量。可以看到，吞吐量性能与图 4.12 中的延迟性能是一致的。在轻负载下，吞吐量随着业务负载增加而增加；当业务负载超过某个临界点时，吞吐量开始下降。不同 β 时，临界点是不同的，例如，D2DMAC-3 的临界点是 4。延迟随着业务负载增加而增加。当业务负载超过临界点时，网络变得拥塞。在这种情况下，相当多的包的延迟超过阈值，而被计为失败的传输，导致吞吐量曲线的突然下降。D2DMAC-2 的临界点大于 5，表明了它在重负载下的优越性能。

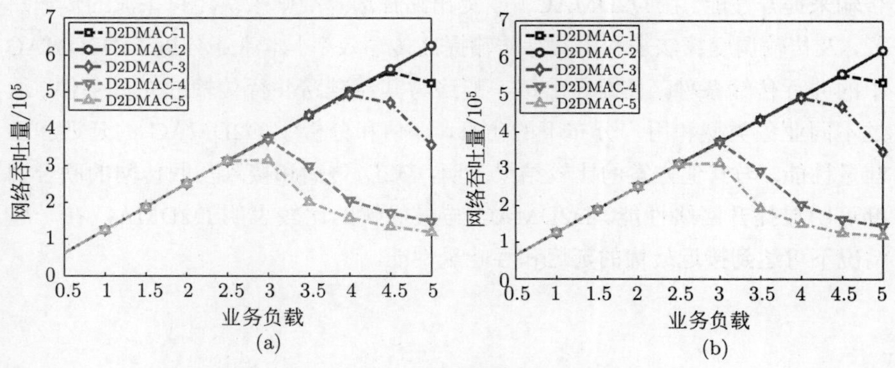

图 4.14　D2DMAC 在不同路径选择参数下的网络吞吐量

(a) 泊松业务；(b) IPP 业务

图 4.15 给出 D2DMAC 在不同路径选择参数下的平均流吞吐量。业务模式为泊松过程业务。结果表明了合适的路径选择参数对于 WN 间的流和来自或去因特网的流的重要性。

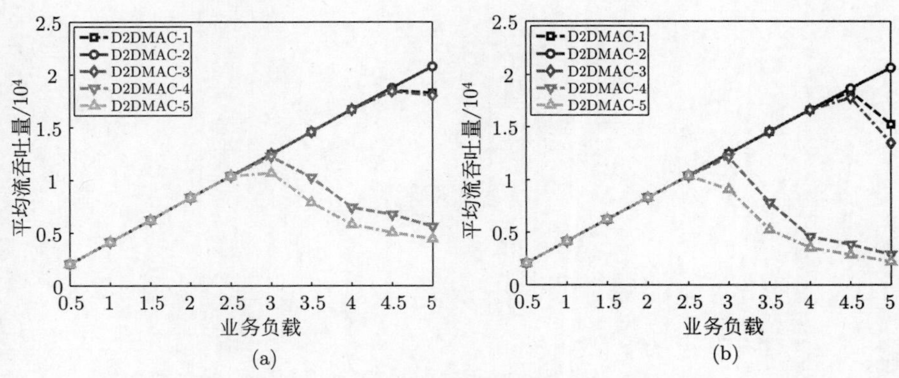

图 4.15　D2DMAC 在不同路径选择参数下的平均流吞吐量

(a) WN 间的流；(b) 来自或去因特网的流

4.8　小结

本章研究了用于毫米波小区密集部署场景下的接入与回传网联合调度问题。本章提出了一种集中式的 MAC 调度方案 D2DMAC，利用设备间的 D2D

传输来提升性能。在 D2DMAC 中，提出路径选择准则来决定每条流的传输路径，及传输调度算法来利用并行传输提高传输效率。本章还分析了 D2DMAC 中的并行传输条件，且推导出每一链路与其他链路并行传输的充分条件。通过不同业务类型和用户分布下的仿真，评估和分析了 D2DMAC 的延迟和吞吐量性能。与其他方案的比较结果表明，D2D 传输和接入与回传网的联合调度可明显提升网络性能。D2DMAC 与最优解的比较表明 D2DMAC 在一些情况下可达到接近最优的延迟和吞吐量性能。

第 5 章　软件定义的毫米波无线网络架构

5.1　引言

目前，在传统宏蜂窝中密集部署高频带小区的异构网络得到学术界和工业界的广泛关注[130]。由于频率资源丰富，密集部署的毫米波小区可提供数吉比特量级的通信服务，明显提升异构网络的容量。由于频带高，毫米波通信传播损耗大，通信距离受限。为了克服强链路衰减，收发端采用方向性天线通过波束赋形来实现高天线增益[40]。由于方向性传输，链路间的干扰降低，并行传输（空分复用）可明显提升网络容量。另一方面，由于绕射能力弱，毫米波链路对遮挡比较敏感。

为了克服毫米波通信范围受限的问题，在实际的毫米波无线宽带系统中，在公共和私人区域部署的接入点（AP）数量明显增加。例如，接入点被密集地部署于企业隔间、会议室等场景来提供无缝覆盖。在接入点密集部署场景下，相邻基本服务集（BSS）间的干扰不可忽略，且应被高效地管理来最大化空分复用[56]。另一方面，当多个接入点部署时，多接入点分集可用来克服遮挡问题[80]。由于每个接入点的覆盖范围小，用户的移动将引起每个 BSS 内负载的剧烈波动。因而，越区切换、用户关联以及资源分配需要每个接入点与其他相邻接入点的合作才能实现理想的设计目标，如移动性管理和负载均衡等。

很明显，接入点间的协调合作必须在毫米波无线宽带系统设计中加以考虑。传统的无线网络通常采用分布式协调机制，然而，分布式协调机制可扩展性较差[84]，且延迟将随着接入点数量的增加明显增加。进一步，分布式协调机制难以实现智能的控制机制，而这是涉及用户的动态行为和链路时变性的复杂运行环境所需要的。因而，传统的分布式网络控制机制可能不适合于毫米波无线宽带系统，需要设计架构和系统层面的全新范式。

软件定义网络（software-defined network，SDN）主张将控制平面与数据平面分离，且将网络的控制功能抽象为逻辑上集中的控制器[84, 131]。本章从架构上借助软件定义网络的思想，通过跨层设计方法提出软件定义的毫米波无线网络架构。在这个架构中，拓展了 SDN 控制的原始概念，不仅考虑网络层的功能，也考虑物理层的功能。通过抽象网络层和物理层的控制功能，提出面向网络层和物理层逻辑上集中的可编程控制平面，以实现对系统的细粒度控制和灵活的可编程性。控制平面和数据平面间定义了接口来便于控制平面的跨层控制。考虑到毫米波通信的特性，通过集中且跨层的控制解决系统中的挑战性问题，如干扰管理、空分复用、抗遮挡、服务质量（quality of service，QoS）保障和负载均衡等。本研究通过跨层设计方法首次为毫米波通信提出软件定义的无线网络架构，促进了毫米波通信在未来无线网络中产生重要影响。

本章剩余部分的内容如下。5.2 节给出软件定义无线网络方面的相关工作。5.3 节给出毫米波无线宽带系统的设计目标。5.4 节给出所提的软件定义的毫米波无线网络架构。5.5 节分析了所提网络架构中的开放性问题与挑战。5.6 节给出所提网络架构中抗遮挡和空分复用的应用实例，分析了其主要优势。5.7 节给出量化仿真结果来评估所提的软件定义的跨层设计所能实现的性能增益。最后，5.8 节对本章进行总结。

5.2 相关工作

在软件定义无线网络方面，目前已有一些相关工作[84, 132–135]。学者 Yap 等[132, 133] 在斯坦福大学构建与部署了 OpenRoads，可允许多组网络实验同时运行在生产网络中。OpenRoads 建立在 OpenFlow[136] 之上并将网络实验隔离，采用了 FlowVisor 来加强可分割数据通路中的隔离。Suresh 等[134] 在企业无线局域网中引入可编程性，并通过虚拟接入点大大简化了客户管理。Kumar 等人[135] 将网络控制延伸到物理层，提出 OpenRF 架构，可实现 MIMO 信号处理。OpenRF 可使同一信道的接入点消除彼此客户处的干扰，并将信号波束对准各自的客户。Bansal 等人[137] 提出一种可编程的无线数据平面，将无线协议重构为处理平面和决策平面。处理平面包含物理层算法的定向图，而决策平面包含决策逻辑，用来指示特定包采用哪个定向图。该系统能够在现成的数字信号处理器芯片上实现 WiFi、LTE 等无线协议。然而，以上工作主要面向 WiFi 和 LTE 等较低频段的无线协议，没有考虑毫米波通信的独有特性。

另外，也有学者提出云无线接入网（cloud radio access network，C-RAN），能够使运营商保持营利性的同时提供更好的服务[138,139]。C-RAN 通过虚拟基站池实现集中式处理，并由高带宽光纤传输网连接射频拉远单元（radio remote unit，RRU），实现无线接入。文献 [84] 提出虚拟大基站的架构，由中心控制器和射频单元构成。该架构将控制平面功能在中心控制器和射频单元间重构。其中，中心控制器做出影响全局网络状态的决策，而每个射频单元处理本地的控制决策。然而，上述工作主要面向蜂窝移动通信，较少涉及高频段的毫米波通信。

5.3　设计目标

在给出所提的系统前，首先总结软件定义的毫米波无线宽带系统的设计目标。

（1）干扰管理和空分复用。在该系统中，方向性传输降低了链路间的干扰。然而，由于受限的通信范围，链路间的干扰不能忽略。系统中的干扰可分为两部分，每个基本服务集中的干扰和不同基本服务集间的干扰。干扰应被高效管理，且并行传输应在每个 BSS 内和不同 BSS 间被支持以提升网络容量。因此，需要全局的有效干扰管理和高效的并行传输调度。

（2）网络连接的鲁棒性。为了保证良好的用户体验，网络连接的鲁棒性应以跨层的方式实现。通过波束切换来利用非视距传输抗遮挡可被应用在物理层，MAC 层的中继和多跳传输也可用来抗阻断。在多个接入点部署时，通过接入点间的合作，采用网络层的越区切换也可以有效地克服阻断问题。

（3）优化的负载均衡。由于覆盖面积小，用户移动会引起每个 BSS 内负载的剧烈波动。因而，用户关联和接入点间的越区切换应被执行，来实现优化的负载均衡，而这要通过对系统中所有接入点的全局智能控制实现。

（4）灵活的 QoS 保障。软件定义的毫米波无线宽带系统应为不同类型的业务提供跨层的 QoS 保障，例如在延迟、吞吐量和连接可靠性等方面。在物理层，调制编码方案的选择可以用来满足不同的吞吐量要求。在 MAC 层，流的调度应被用来满足每条流的 QoS 要求。在网络层，接入点间的越区切换也可用来保证每条流的 QoS。

（5）可演进性。多种协议和标准已被设计用于毫米波通信[8,9,55]，目前也有很多工作是对标准中协议的优化[56,59]。因此，毫米波无线宽带系统应为多种协议或标准提供平滑的演进。

（6）可耦合性。目前，异构组网成为下一代无线网络的发展方向，成为工业界和学术界的共识[112]。为了发挥异构组网的优势，更好地解决不同网络间的越区切换、抗遮挡、移动性管理、负载均衡等问题，毫米波无线宽带系统需要与其他网络，如 WiFi、LTE 等，有一定程度的耦合。例如，毫米波小区可通过与宏蜂窝网的协作实现优化的蜂窝数据卸载。

5.4 系统架构

5.4.1 架构概述

为了实现上述设计目标，我们为毫米波无线宽带系统提出跨层的软件定义的架构，如图 5.1 所示。这个架构基于 SDN 的思想，将控制平面和数据平面分离，且将深藏在网络协议栈中的控制功能提升到控制平面。控制器包含了网络的全部控制功能，而数据平面由转发和无线通信设备构成，如接入点和网关。控制器有两个组件，中心控制器和本地代理。中心控制器通常位于网关，制定规则，从全局视图控制网关和接入点的行为。由于中心控制器与每个接入点间的固有延迟[84]，在每个接入点上有本地代理来自适应于快速变化的网络状态。中心控制器和接入点可通过光纤、无线、以太网或任何形式的回传链路来连接，应具有短延迟来保证中心控制器的实时控制。为了实现从网络层到物理层的高效控制，控制器和数据平面间定义了测量接口和控制接口。通过测量接口，网络和应用状态、用户位置、信道状态等网络状态参数周期地被报告给控制器。通过控制接口，网络层、MAC 层和物理层的控制流被解释和转化为接入点和网关的动作。具有不同 QoS 要求的流被每个接入点支持。在收发端完成波束对准后，并行传输可在 BSS 内和 BSS 间实现。可以看到，从 AP2 到音乐播放器的链路，从 AP1 到移动电话的链路，以及从 AP3 到高清电视的链路被调度来并行地传输。

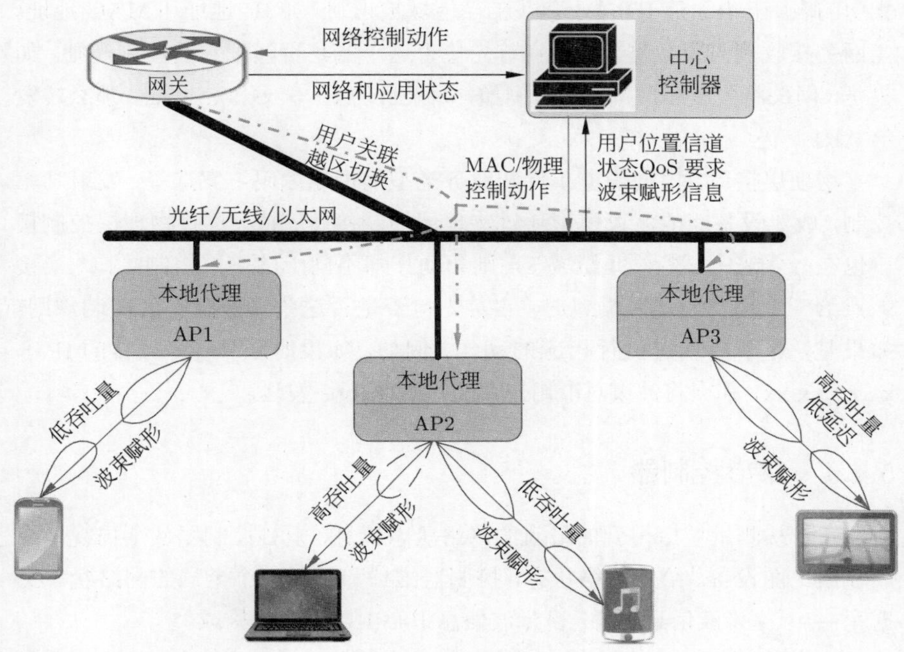

图 5.1　软件定义的毫米波无线宽带系统架构

5.4.2　测量接口

通过测量接口，控制器从接入点和网关处得到本地和全局的网络状态和应用信息。典型的状态参数包括用户位置、信道状态、设备间的波束赋形信息、流的 QoS 要求、每个接入点下的用户数，等等。数据平面设备定期地将状态参数报告给控制器，动态地更新了控制器的本地和全局网络视图。

5.4.3　控制接口

控制接口解释来自控制器的控制流，且将其转化为接入点或网关在网络层、MAC 层和物理层的动作。控制接口采用“匹配-行动”策略，且网络层和物理层的控制策略是不同的。

网络层接口。越区切换、用户关联、资源分配都通过网络层的控制接口实现。例如，从网关到接入点的数据包转发由这个接口控制。并行传输调度方案也通过这个控制接口推送给每个接入点。这个控制接口在一张通过流 ID

索引的表上操作。流 ID 基于包头的功能域被识别，如 IP 地址和 MAC 地址。当网关接收到一个数据包时，它首先检查这个流是否匹配它的控制规则。如果是，网关将采取相应的动作。例如，如果目的 IP = xx.xx.xx.xx，那么转发给 AP1。

物理层接口。根据信道条件和业务类型的调制编码方案选择，发射功率控制，成对设备间的波束赋形通过物理层控制接口完成。尽管物理层控制接口也在一张表上运行，匹配域、规则和动作却不同于网络层控制接口。当接入点给一个用户发送数据包时，它首先检查是否这条流匹配它的控制规则。如果是，这个接入点执行相应的动作。例如，如果时隙 = xx 且目的 IP = xx.xx.xx.xx，那么将波束对准用户 2，且以 2 Gbps 发送。

5.4.4 中心控制器

基于从测量接口得到的最新的网络状态信息，中心控制器从全局视角控制数据平面设备。给定网络状态，控制器维护和更新一个全局的网络状态数据库 —— 毫米波信息中心。毫米波信息中心由以下内容构成。

干扰图：加权定向图，其中每个顶点代表一条链路，每条边的权重表示相应链路间的干扰。干扰水平可能是干扰功率或表明干扰强度的其他参数，如一条链路的发射端和另一条链路的接收端间的距离，以及表明一条链路的发射端是否在另一条链路接收端专属区域内的二进变量[62]。干扰图可通过测量接口得到的网络状态参数获得，如用户位置、用户的波束赋形信息和其他的物理层参数，包括发射功率、路径损耗因子和链路间的互相关等。

QoS 图：加权定向图，其中每个顶点代表网络中的一个用户或接入点。每条边的权重为每条流的 QoS 要求，如吞吐量、延迟和连接可靠性。QoS 图可通过测量接口直接获得。

链路质量图：加权定向图，其中每个顶点代表一个用户或接入点。边的权重表明链路的质量，可能是接收端接收到的信号强度、链路可支持的传输速率或链路中断的频率。链路质量图可由链路的传输速率测量直接得到，或由网络状态参数（如用户位置和链路中断次数）推出。

流统计量：进行中的流的统计信息，如已发送的包的数量、排队的包数和每个接入点下的流数。

基于毫米波信息中心，中心控制器可实现有效且高效的无线资源分配。

例如，基于干扰图、QoS 图和链路质量图，高效的并行传输调度算法可在中心控制器中实现来最大化空分复用。有效的干扰管理可基于干扰图实现。基于链路质量图和流统计量，更平滑的越区切换、减少的连接中断数和乒乓效应可被实现。中心控制器也可基于链路质量图和流统计量实现高效的负载均衡。

当系统中有越来越多的接入点和用户时，中心控制器的工作负载变得越来越重，中心控制器可通过包含多个控制器的垂直方式来解决这个问题[140]。中心控制器由多个本地控制器和一个根控制器构成。每个本地控制器负责管理一部分接入点和用户，而根控制器负责协调多个本地控制器以实现全局管理和控制。通过这种方式，更多的接入点和用户可被中心控制器管理，且更完整和优化的控制功能可包含在中心控制器中。

5.4.5　本地代理

为了减轻中心控制器和接入点间的固有延迟问题，在每个接入点部署本地代理来快速地自适应于变化的信道条件和业务类型。相比于本地代理，由于中心控制器基于滞后的状态信息做出控制决策，本地代理的控制决策具有更强的时效性。当来自中心控制器的控制决策与来自本地代理的控制决策冲突时，来自本地代理的控制决策将被控制接口采纳。由于本地代理的复杂度更低，本地代理主要负责延迟敏感的控制功能。例如，通过波束切换来利用非视距传输克服突然的链路阻断将由本地代理处理。本地代理也将根据快速变化的信道条件来选择合适的调制编码方案。

5.4.6　控制开销

系统中的控制开销主要由三部分组成，通过测量接口的网络状态信息测量、控制平面的控制决策计算和从控制平面到数据平面的控制流下发。

初始时，完整的网络状态信息测量将被执行来建立毫米波信息中心。由于相对低的用户移动性，网络状态没有时刻在变化，且将在一段时期内保持不变。因而，每种测量将被周期性地执行来跟踪网络状态的变化。在每个 BSS 内的网络状态测量由每个接入点管理，且 BSS 间的测量通过接入点间的合作在中心控制器的控制下完成。然后，网络状态信息从接入点处通过回传链路发送到中心控制器。由于具有吉比特每秒量级的传输速率，这个过程可在短时间内完成。同时，为了限制复杂度和避免过多的开销，一些状态信息在实际中不能被获得，如完整的信道状态信息。在这种情况下，可通过获得一些补偿信息来估计所需要的信息。控制平面的控制决策计算开销取决于中心控制器中采用的算法的效率。因此，高效且有效的控制算法需要被设计来降低控制开销和实现良好性能。在得到控制决策后，控制流由中心控制器通过回传链路下发到接入点。然后，由接入点将控制流分发给 BSS 内的用户。同样，由于具有吉比特每秒量级的传输速率，这个过程可在短时间内完成。

5.5 开放性问题与挑战

5.5.1 实现技术

目前，软件定义无线网络大多基于 OpenFlow 协议实现[131, 136]。考虑到毫米波通信的独有特性，如定向性、遮挡敏感等，软件定义的毫米波无线网络架构在数据平面构建、物理层控制功能抽象以及测量接口和控制接口的实现方面需要进一步研究，既要充分利用特性提升系统性能，又要保证实现方式对其他类型网络的兼容性以实现可耦合性的设计目标。

5.5.2 测量

为了使中心控制器得到精确且全面的网络全局视图，需要设计高效的测量机制。目前，已经有一些工作针对这个关键问题，例如，一种引导程序被执行来得到最新的网络拓扑和节点位置信息[102]，同时记录用户间所有波束训练结果的波束赋形信息表在接入点处建立[59]。然而，大部分的现有工作针对一个 BSS 内的网络状态测量，对于在两个 BSS 重合区域的用户，用户与相邻接入点间的链路质量信息和波束赋形信息也对于一些任务（如越区切换和干扰管理）很有必要。由于并行传输应在每个 BSS 内和不同 BSS 间实现，由并行传输引起的干扰，尤其是不同 BSS 间的干扰，应被估计得尽可能准确。另一方面，考虑到用户移动带来的动态性，测量算法要能以尽可能短的时间跟踪网络状态的变化以减少开销。因此，高效的测量算法是开放性问题，需要进一步探究来便于毫米波无线宽带系统的部署。

5.5.3 集中控制算法

为了实现上述设计目标，有效且高效的控制算法成为必需，具体涉及传输调度、负载均衡、波束赋形、抗遮挡、功率控制等方面。尽管已有不少工作针对于毫米波 WPAN 的 MAC 协议，大部分工作考虑一个 BSS 的场景，没有考虑不同 BSS 间的干扰。目前有一些方法来克服阻断问题，如通过将波束从 LOS 径切换到 NLOS 径，采用中继[33] 以及多接入点分集[80]。在文献 [80] 中，多个接入点被部署，且当一个用户和接入点间的链路被阻断，另一个接入点将被选择来完成剩余的传输任务。对于用户之间的传输，波束切换到 NLOS 径是不错的选择。然而，在一些情况下，NLOS 径难以找到，或者对于高吞吐量应用，NLOS 径所能支持的传输速率不能满足吞吐量要求。在这种情况下，中继将是一种有效的方式来克服阻断，甚至可以提升吞吐量[33]。因此，每种方法都有其优点和不足，且仅在特定的条件下高效。在能够实现对数据平面设备的全局跨层控制下，如何将这些方法组合，且在合适的时候应用它们来保证鲁棒的网络连接和提升网络性能，仍然是一个需要进一步探究的开放性问题。

由于室内环境的复杂性以及中心控制器和接入点间的固有延迟，在得到的网络状态信息中可能存在偏差和错误。在这种情况下，基于错误的状态信息的控制决策也将有偏差和错误。因此，对于一些错误敏感的决策，集中控制算法应有机制让中心控制器去纠正控制决策中的错误。在基于一些状态信息做出控制决策后，相关的网络状态应被监控。当网络状态与控制决策不一致时，中心控制器应相应地调整控制决策，且重新测量之前控制决策基于的网络状态。此外，中心控制器中的算法在一定程度上应对状态信息中的偏差有容忍性，以避免明显的性能恶化。

5.6 应用实例

5.6.1 抗遮挡

网络连接可靠性是重要的一项网络性能指标。在克服阻断问题时，其他的网络性能指标也应被考虑，如流的 QoS 保障、网络吞吐量，等等。为了实现最优的控制，从网络层到物理层的不同方法应被结合，且每种方法应在最优时应用。本节给出所提系统中一个波束切换和越区切换结合来抗遮挡的例子。

如图 5.2 所示，AP1 和移动电话间的下行链路突然被阻断。在 BSS1，这条下行流被调度于数据传输周期的第 M 个时隙传输。首先，为了保证持续的连接，本地代理将命令 AP1 将它的天线对准墙面来利用 NLOS 径暂时地传输。同时，AP1 将阻断情况通过测量接口报告给中心控制器。NLOS 径具有额外的路径损耗，且只能支持 1 Gbps 的吞吐量，而这条流的 QoS 要求吞吐量是 2 Gbps。在阻断被报告给中心控制器后，为了满足这条流的 QoS 要求，中心控制器执行两个动作。第一个动作是检查是否可能给这条流分配更多的时隙来满足它的 QoS 要求。由于 BSS1 中的重负载，没有额外的时隙可分配给这条流。然后，中心控制器执行第二个动作，检查是否存在用户与另一相邻接入点的 LOS 径。中心控制器发现移动电话和 AP2 存在 LOS 径，且如果给这条流调度一个时隙，这条径可支持 1 Gbps 的吞吐量。在同时，中心控制器发现在 AP2 下目前没有用户，且有足够的时隙来满足这条流的 QoS 要求。因而，中心控制器下发命令给 AP1 和 AP2 通过控制接口实现移动电话的越区切换。在越区切换后，这条流的包由网关转发到 AP2，且在 BSS2，时隙 1 和时隙 2 被调度给这条流。

5.6.2 空分复用

由于收发端的波束赋形，在一定条件下可实现并行传输[56,59,62]，目前大部分工作针对一个 BSS 内的并行传输。然而，由于受限的范围，BSS 间的干扰也应被考虑。在软件定义的毫米波无线宽带系统中，通过毫米波信息中心的干扰图，BSS 内和 BSS 间的干扰可被高效地管理，且空分复用可被最大化来提升网络吞吐量。

图 5.3 中描述了软件定义毫米波无线宽带系统中的空分复用机制。传统的毫米波无线宽带系统在图 5.3(a) 中说明，其中 BSS1 和 BSS2 间的干扰没有被考虑。此外，由于缺少中心控制器，接入点独立地进行传输调度。在时隙 t，AP1 和平板电脑将它们的波束互相对准，且 AP1 被调度以 2 Gbps 的速率发送包给平板电脑。同时，AP2 和笔记本电脑将它们的波束互相对准，且 AP2 被调度以 3 Gbps 的速率发送包给笔记本电脑。然而，由于 AP1 和 BSS2 中笔记本电脑将它们的波束互相对准，AP1 对笔记本电脑有严重干扰。

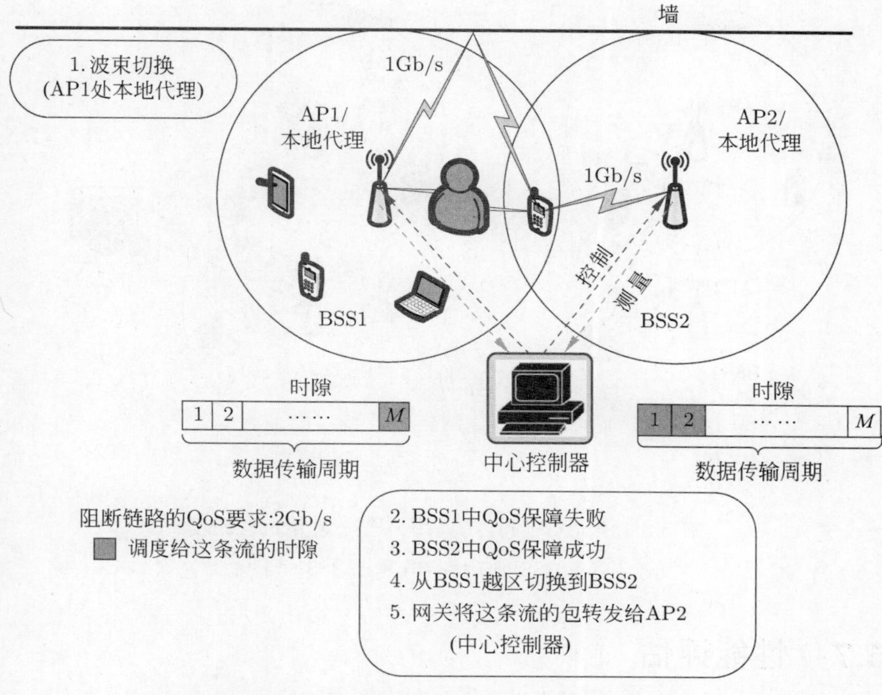

图 5.2　软件定义的毫米波无线宽带系统抗遮挡示例

因而，AP2 仅可以 1 Gbps 的速率传输给笔记本电脑，可能不能满足这条流的 QoS 要求。

软件定义的毫米波无线宽带系统的空分复用机制如图 5.3(b) 所示，其中 BSS1 和 BSS2 间的干扰可在中心控制器中管理。可以看到，中心控制器通过测量接口得到 BSS1 和 BSS2 之间的干扰信息。因而，考虑到 AP1 对笔记本电脑的干扰，中心控制器将调度 AP1 在时隙 t 发送包给移动电话，而 AP1 将被调度于其他时隙发送包给平板电脑。这个调度方案通过控制接口推送给 AP1 和 AP2。在这种情况下，AP1 不再将波束对准笔记本电脑，且 AP2 将可以 3 Gbps 的速率发送包给笔记本电脑。如果 AP1 可以 2 Gbps 的速率发送包给移动电话，在时隙 t，BSS1 和 BSS2 的吞吐量将为 5 Gbps。然而，在图 5.3(a)，时隙 t 实现的吞吐量仅为 3 Gbps。可以看到，通过中心控制器的集中控制，BSS 间干扰可被高效管理，带来网络吞吐量的提升。

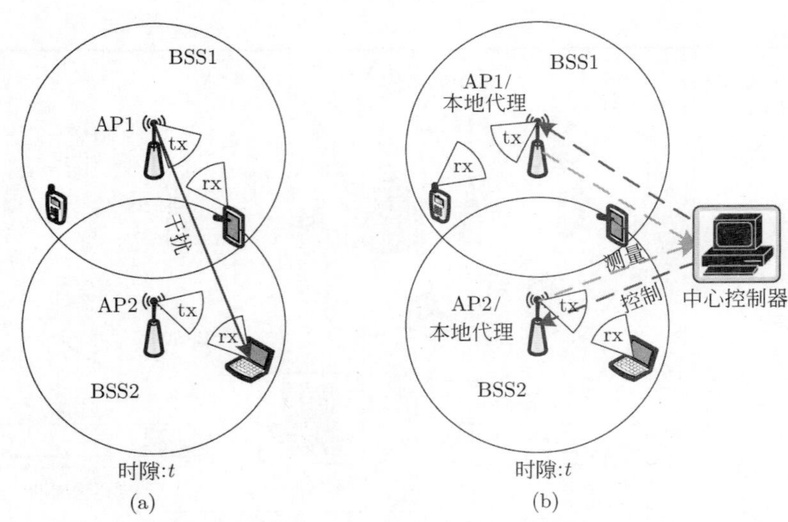

图 5.3　所提系统和传统系统中空分复用机制比较

(a) 不考虑 BSS 间干扰；(b) 考虑 BSS 间干扰

5.7　性能评估

可以用典型的网络部署来量化地评估采用软件定义的跨层结构给毫米波无线宽带系统带来的性能增益。

5.7.1　目标系统

仿真的目标系统为毫米波无线宽带系统的典型室内应用场景，如图 5.4 所示。其中，三个接入点部署在房间中，且它们通过光纤连接到网关。移动设备如笔记本电脑、平板电脑、移动电话、投影仪、照相机和高清电视由接入点和网关协调。多种应用，如网页浏览、设备间高速数据传输、压缩和无压缩高清电视实时播放等，可在毫米波无线宽带系统中支持。接入设备是自然移动的，且移动轨迹在图中以虚线说明。在房间 3，AP3 和笔记本电脑的视距径被沙发遮挡。收发端经过波束赋形后，成对设备间可直接通信，且在干扰低时，链路可并行传输。

系统采用 IEEE 802.15.3c 中的超帧结构，其中超帧由信标时期（beacon period，BP）、竞争接入时期（contention access period，CAP）和信道时间分

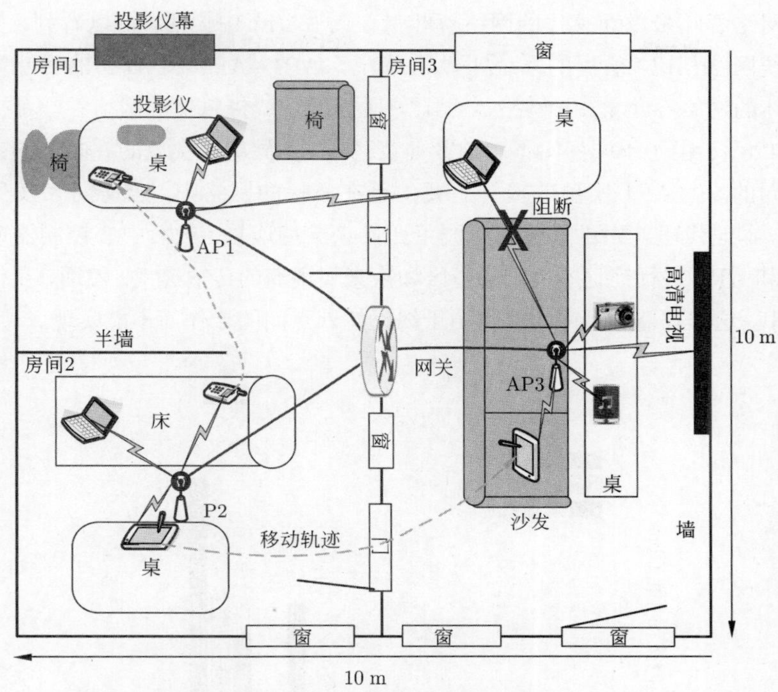

图 5.4　软件定义的毫米波无线宽带系统的典型室内应用场景

配时期（channel time allocation period，CTAP）构成。CTAP 中最多有 1000 个时隙，且采用时分多址方式。BP、CAP、CTAP 和每个时隙的长度与文献 [56] 中相同。在接入点处，每 0.02 s 调度一个超帧，且仿真时长为 20 s。在超帧的间隔，来自接入点和网关的网络状态信息通过测量接口反馈到控制平面，来自控制平面的控制流也通过控制接口在超帧间隔被下发到接入点和网关。

在仿真中，将软件定义的毫米波无线宽带系统与两个传统网络相比较，记为网络 A 和网络 B。在本研究的系统中，智能地结合波束切换和接入点间越区切换的抗遮挡机制被采用。此外，本地代理和中心控制器根据信道条件实现调制编码方案的选择，且 BSS 间的干扰由中心控制器管理。相比之下，网络 A 没有克服阻断的机制，而网络 B 采用了波束切换利用非视距传输来克服阻断。

5.7.2　结果分析

首先比较所提系统和传统网络的网络吞吐量。由 AP1、AP2 和 AP3 实现的网络吞吐量以及总体的网络吞吐量在图 5.5(a) 中说明。可以看到，与两个传统网络相比，所提的系统明显地提升了 AP1、AP2 和 AP3 的吞吐量以及总体的网络吞吐量。与网络 A 相比，所提的系统将总体的网络吞吐量提升了约 128%。由于不同房间不同的业务负载，在不同房间实现的吞吐量的提升是不同的。由 AP1 实现的提升主要由于在所提的网络中，当房间 3 发生阻断时，本地代理首先迅速地利用波束切换来维持连接，然后中心控制器命令 AP3 和 AP1 进行笔记本电脑的越区切换来实现高的传输速率。然而，在传统网络中，这样有益的越区切换将由于缺乏接入点间的合作而不能实现。

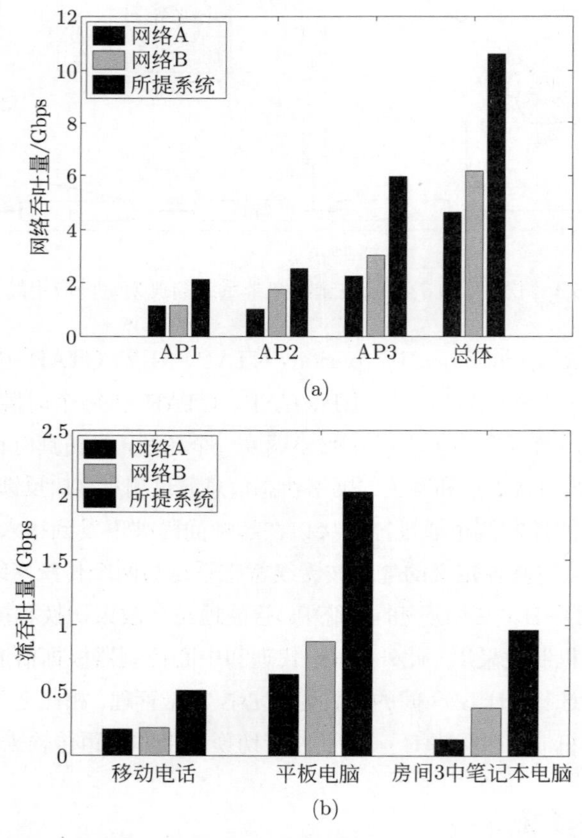

图 5.5 所提系统和传统网络的网络吞吐量和流吞吐量比较 (见文前彩图)

(a) 网络吞吐量比较；(b) 流吞吐量比较

为了评估所提系统中每条流实现的吞吐量增益，图 5.5 给出三条下行流，从接入点分别到移动电话、平板电脑和房间 3 中笔记本电脑的吞吐量。可以看到，所提系统明显提升了到移动设备的流吞吐量。与网络 B 相比，所提系统将到房间 3 中的笔记本电脑的流吞吐量提升了约 162%，这主要由于波束切换与 AP3 和 AP1 间平滑越区切换的联合抗阻断动作。此外，与传统网络相比，所提系统中的信道传输速率可更快地通过调制编码方案的选择自适应于变化的信道条件。

5.8　小结

借鉴软件定义网络的设计思想，本章提出软件定义的毫米波无线宽带系统，通过集中式的控制器实现从物理层到网络层的智能全局网络控制。通过抗遮挡和空分复用的应用实例，本章说明了软件定义的毫米波无线宽带系统与传统网络相比所能实现的性能增益。本章也讨论了架构中的开放性问题和挑战，且通过仿真定量地评估了它的性能优势。本章的研究为毫米波通信提供了一种新的设计思路，为毫米波通信在未来无线网络中发挥重要影响开辟了新的研究方向。

第 6 章　总结与展望

6.1　总结

本书针对毫米波无线网络 MAC 层关键技术展开研究，分别在空分复用机制、抗遮挡策略、毫米波 D2D 通信、接入回传联合调度、无线网络架构等方面取得了一系列研究成果，为毫米波通信在下一代无线网络中发挥重要影响力提供了重要支撑。具体而言，本书主要贡献可归纳如下。

第一，在空分复用机制方面，本书提出多路多跳传输方案（MPMH）。通过将直接路径信道质量差的流或业务需求高的流经过多个多跳的传输路径传输，MPMH 充分地释放了空分复用的潜能，明显提升了网络和流的延迟和吞吐量性能。在多种业务类型下的仿真表明，MPMH 可达到接近最优的性能。与 FDMAC 相比，MPMH 将流吞吐量和网络吞吐量分别平均提升了约 50% 和 52.48%。在不同最大跳数参数下的性能表明，路径的最大跳数参数应根据实际网络条件选择，以优化网络性能。

第二，在抗遮挡策略方面，本书提出抗遮挡方向性 MAC 调度方案（BRDMAC）。通过联合优化中继节点选择与并行传输调度，BRDMAC 明显提高了链路的鲁棒性。通过中继选择算法和并行传输调度算法，BRDMAC 可得到接近最优的中继选择方案和传输调度方案。仿真结果表明与 FDMAC 相比，BRDMAC 在重负载下将传输延迟平均降低了约 50%，将吞吐量平均提高了约 45%。在重负载下，BRDMAC 可更高效地利用中继来提升网络性能，且具有很好的公平性能。

第三，在异构网络中毫米波小区密集部署场景下，本书提出支持 D2D 传输的接入回传联合调度方案（D2DMAC）。通过邻近设备间的 D2D 传输，以及接入与回传链路的联合调度，D2DMAC 可明显提升网络的延迟和吞吐量性能。在 D2DMAC 中，路径选择准则决定了每条流的传输路径，传输调度算法利用并行传输得到高效率的调度方案。D2DMAC 在不同路径选择参数下的性能表明，路径选择参数要在实践中根据网络条件优化来提升性能。

第四，在无线网络架构方面，本书借鉴软件定义网络的设计思想提出软件定义的毫米波无线宽带系统。通过中心控制器，该架构可实现从物理层到网络层的智能全局网络控制，更加有效且高效地解决空分复用、遮挡敏感、动态性等关键问题。该架构还存在一些开放性问题和挑战，包括实现技术、网络状态信息的测量和集中控制算法。软件定义的毫米波无线宽带系统是毫米波通信的一种新的设计思路，为毫米波通信在未来无线通信中的发展开辟了新的研究方向。

6.2 展望

目前，毫米波通信已经受到学术界、工业界和标准组织的广泛关注，将成为未来无线通信中的重要技术之一。基于本书的研究工作，后续还有以下几个方面值得研究。

首先，为了进一步提升毫米波链路传输速率，混合波束赋形技术成为毫米波通信中的关键技术[141–143]。例如，下一代 60 GHz 标准 IEEE 802.11ay 将采用混合波束赋形技术。采用混合波束赋形后，发射端或接收端将分别布署多个天线阵列。混合波束赋形有两个阶段，模拟波束赋形和数字波束赋形。在模拟波束赋形中，每个阵列产生基于码本的波束。数字波束赋形实现基带预编码。其中，模拟波束赋形是混合波束赋形的关键。在码本较大且天线阵列数多时，穷举法进行模拟波束选择具有很高的复杂度，占用开销大。因此，如何设计低复杂度且高效的模拟波束选择方案成为混合波束赋形技术的关键问题。为了实现低复杂度的波束选择，信道信息的获取是必要条件。因此，如何对混合波束赋形系统进行信道估计也成为关键技术。进一步，将混合波束赋形技术应用到多用户场景，多用户场景下的模拟波束选择和信道估计仍需要进一步研究。相应地，考虑到毫米波链路的遮挡敏感性，混合波束赋形技术下的抗遮挡方案也需要进一步研究。同理，在混合波束赋形技术下，多条链路的干扰管理和空分复用与单纯采用模拟波束赋形时有很大不同，需要进一步研究。

其次，如绪论中所述，用户的移动会引起网络状态的变化，如信道的变化、小区内负载的剧烈波动和越区切换等。针对毫米波无线网络中用户移动性的控制机制（如负载均衡、越区切换、用户关联等）方面的工作还相对缺乏，需要进一步研究。另外，如果能够掌握更多的用户移动的信息，传输调度方案也可根据移动规律做进一步的优化，这都是重要的未来研究方向。

再次，能耗问题或能量效率也是下一代无线通信的一个重要方面。通过功率控制来实现更高的能量效率，同时保证传输的高效性，也是一个重要的研究方向。功率控制可更加灵活地管理链路间的干扰，也有益于链路间的空分复用，同时可降低能耗。因此，联合优化功率控制和并行传输调度以实现高能量效率也是未来研究工作的重要方向。

最后，第 5 章提出了软件定义的毫米波无线网络架构，然而具体实现技术还有诸多挑战，包括接口实现技术、测量和集中控制算法等方面。目前，我们已经搭建了 60 GHz 频段基于 IEEE 802.11aj 的物理层验证平台，下一步将尝试搭建室内无线网络，并开展软件定义的毫米波无线网络的具体实现和关键技术研究工作。

参考文献

[1] Qualcomm. Qualcomm data challenge[EB/OL]. [2019-09-20]. https://www.qualcomm.com/documents/rising-meet-1000x-mobile-data-challenge.

[2] Elkashlan M, Duong T Q, Chen H H. Millimeter-wave communications for 5G: fundamentals: Part I [J]. IEEE Communications Magazine, 2014, 52(9):52–54.

[3] Elkashlan M, Duong T Q, Chen H H. Millimeter-wave communications for 5G—Part 2: Applications[J]. IEEE Communications Magazine, 2015, 53(1):166–167.

[4] Doan C H, Emami S, Sobel D A, et al. Design considerations for 60 GHz CMOS radios[J]. IEEE Communications Magazine, 2004, 42(12):132–140.

[5] Gutierrez F, Agarwal S, Parrish K, et al. On-chip integrated antenna structures in CMOS for 60 GHz WPAN systems[J]. IEEE Journal on Selected Areas in Communications, 2009, 27(8):1367–1378.

[6] Rappaport T S, Murdock J N, Gutierrez F. State of the art in 60 GHz integrated circuits and systems for wireless communications[J]. Proceedings of the IEEE, 2011, 99(8):1390–1436.

[7] European Computer Manufacturing Association. ECMA standard 387: High rate 60 GHz PHY, MAC and HDMI PAL[EB/OL]. [2010-12-26]. http://www.ecma-international.org.

[8] IEEE 80215 WPAN Millimeter Wave Alternative PHY Task Group 3c (TG3c). Wireless Medium Access Control (MAC) and Physical Layer (PHY) specifications for high rate Wireless Personal Area Networks (WPANs) (Amendement 2: Millimeter-wave-based Alternative Physical Layer Extension)[S]. 2009.

[9] IEEE 80211ad Standard. Wireless LAN Medium Access Control (MAC) and Physical Layer (PHY) Specifications (Amendment 3: Enhancements for Very High Throughput in the 60 GHz Band)[S]. 2012.

[10] 张昌明, 肖振宇, 曾烈光, 等. 基于 IEEE 802.11ad 标准的单载波 60 GHz 通信系统性能分析 [J]. 电子与信息学报, 2012, 34(1):218–222.

[11] Khan F, Pi Z. An introduction to millimeter wave mobile broadband systems[J]. IEEE Communications Magzine, 2011, 49(6):101–107.

[12] Pietraski P, Britz D, Roy A, et al. Millimeter wave and terahertz communications: feasibility and challenges[J]. ZTE Communications, 2012, 10(4):3–12.

[13] Rangan S, Rappaport T S, Erkip E. Millimeter-wave cellular wireless networks: potentials and challenges[J]. Proceedings of the IEEE, 2014, 102(3):366–385.

[14] Singh S, Mudumbai R, Madhow U. Interference analysis for highly directional 60 GHz mesh networks: the case for rethinking medium access control[J]. IEEE/ACM Transactions on Networking (TON), 2011, 19(5):1513–1527.

[15] 张昌明. 60 GHz 毫米波通信若干射频影响补偿研究 [D]. 北京: 清华大学, 2015.

[16] Zhao Q, Li J. Rain attenuation in millimeter wave ranges[C]. Proceedings of IEEE International Symposium on Antennas, Propagation and EM Theory, Guilin, China, October 26–29, 2006.

[17] Humpleman R J, Watson P A. Investigation of attenuation by rainfall at 60 GHz[J]. Proceedings of the Institution of Electrical Engineers, 1978, 125(2):85–91.

[18] E-band technology. E-band Communications[EB/OL]. http://www.e-band.com/index.php?id=86.

[19] Daniels R C, Heath R W. 60 GHz wireless communications: Emerging requirements and design recommendations[J]. IEEE Vehicular Technology Magazine, 2007, 2(3):41–50.

[20] Rappaport T S, Sun S, Mayzus R, et al. Millimeter wave mobile communications for 5G cellular: It will work![J]. IEEE Access, 2013, 1:335–349.

[21] Zwick T, Beukema T, Nam H. Wideband channel sounder with measurements and model for the 60 GHz indoor radio channel[J]. IEEE Transactions on Vehicular Technology, 2005, 54(4):1266–1277.

[22] Giannetti F, Luise M, Reggiannini R. Mobile and personal communications in 60 GHz band: A survey[J]. Wireless Personal Communications, 1999, 10:207–243.

[23] Smulders P, Wagemans A. Wideband indoor radio propagation measurements at 58 GHz[J]. Electronics Letters, 1992, 28(13):1270–1272.

[24] Daniels R, Murdock J, Rappaport T S, et al. 60 GHz wireless: Up close and personal[J]. IEEE Microwave Magazine, 2010, 11(7):44–50.

[25] Xu H, Kukshya V, Rappaport T S. Spatial and temporal characteristics of 60 GHz indoor channel[J]. IEEE Journal on Selected Areas in Communications, 2002, 20(3):620–630.

[26] Ben-Dor E, Rappaport T S, Qiao Y, et al. Millimeter wave 60 GHz outdoor and vehicle AOA propagation measurements using a broadband channel sounder[C]. Proceedings of IEEE Global Telecommunication Conference, Houston, USA, 2011:1–6.

[27] Geng S, Kivinen J, Zhao X, et al. Millimeter-wave propagation channel characterization for short-range wireless communications[J]. IEEE Transactions on Vehicular Technology, 2009, 58(1):3–13.

[28] Anderson C R, Rappaport T S. In-Building Wideband Partition Loss Measurements at 2.5 and 60 GHz[J]. IEEE Transactions on Wireless Communications, 2004, 3(3):922–928.

[29] 岳光荣. 60 GHz 频段短距离无线通信 [M]. 北京: 国防工业出版社, 2014.

[30] Geng S Y, Kivinen J, Zhao X W, et al. Millimeter-wave propagation channel characterization for short-range wireless communications[J]. IEEE Transactions on Vehicular Technology, 2009, 58(1):3–13.

[31] Manabe T, Sato K, Masuzawa H, et al. Polarization dependence of multipath propagation and high-speed transmission characteristics of indoor millimeter-wave channel at 60 GHz[J]. IEEE Transactions on Vehicular Technology, 1995, 44(2):268–274.

[32] Manabe T, Miura Y, Ihara T. Effects of antenna directivity and polarization on indoor multipath propagation characteristics at 60 GHz[J]. IEEE Journal on Selected Areas in Communications, 1996, 14(3):441–448.

[33] Singh S, Ziliotto F, Madhow U, et al. Blockage and directivity in 60 GHz wireless personal area networks: From cross-layer model to multihop

MAC design[J]. IEEE Journal on Selected Areas in Communications, 2009, 27(8):1400–1413.

[34] MacCartney G R, Rappaport T S. 73 GHz millimeter wave propagation measurements for outdoor urban mobile and backhaul communications in New York City[C]. Proceedings of IEEE ICC 2014, 2014:4862–4867.

[35] Sun S, MacCartney G R, Samimi M K, et al. Millimeter wave multi-beam antenna combining for 5G cellular link improvement in New York City[C]. Proceedings of IEEE ICC 2014, 2014:5468–5473.

[36] Zhao H, Mayzus R, Sun S, et al. 28 GHz millimeter wave cellular communication measurements for reflection and penetration loss in and around buildings in New York City[C]. Proceedings of IEEE ICC, 2013:5163–5167.

[37] 高波. 60-GHz 短距无线通信系统定向传输关键问题研究 [D]. 北京: 清华大学, 2015.

[38] Alalusi S, Brodersen R. A 60 GHz phased array in CMOS[C]. Proceedings of IEEE CICC, 2006:393–396.

[39] Liu D, Sirdeshmukh R. A patch array antenna for 60 GHz package applications[C]. Proceedings of IEEE AP-S Symposium, 2008:1–4.

[40] Wang J, Lan Z, Pyo C w, et al. Beam codebook based beamforming protocol for multi-Gbps millimeter-wave WPAN systems[J]. IEEE Journal on Selected Areas in Communications, 2009, 27(8):1390–1399.

[41] Tsang Y M, Poon A S, Addepalli S. Coding the beams: Improving beamforming training in mmwave communication system[C]. Proceedings of Global Telecommunications Conference (GLOBECOM 2011). IEEE, 2011:1–6.

[42] Qiao J, Shen X, Mark J W, et al. MAC-Layer Concurrent Beamforming Protocol for Indoor Millimeter-Wave Networks[J]. IEEE Transactions on Vehicular Technology, 2015, 64(1):327–338.

[43] Collonge S, Zaharia G, Zein G E. Influence of human activity on wide-band characteristics of the 60GHz indoor radio channel[J]. IEEE Transactions on Wireless Communications, 2004, 3(6):2369–2406.

[44] Ghosh A, Thomas T A, Cudak M C, et al. Millimeter-wave enhanced local area systems: A high-data-rate approach for future wireless networks[J]. IEEE Journal on Selected Areas in Communications, 2014, 32(6):1152–1163.

[45] Rappaport T S. Special session on mm wave communications[C]. Proceedings of ICC, Budapest, Hungary, 2013.

[46] Baldemair R, Irnich T, Balachandran K, et al. Ultra-dense networks in millimeter-wave frequencies[J]. IEEE Communications Magazine, 2015, 53(1):202–208.

[47] Rappaport T S, Gutierrez F, Ben-Dor E, et al. Broadband millimeter-wave propagation measurements and models using adaptive-beam antennas for outdoor urban cellular communications[J]. IEEE Transactions on Antennas Propagation, 2013, 61(4):1850–1859.

[48] Bai T, Alkhateeb A, Heath R. Coverage and capacity of millimeter-wave cellular networks[J]. IEEE Communications Magazine, 2014, 52(9):70–77.

[49] Bai T, Heath R. Coverage and Rate Analysis for Millimeter Wave Cellular Networks[J]. IEEE Transactions on Wireless Communications, 2015, 14(2):1100–1114.

[50] Sulyman A I, Nassar A T, Samimi M K, et al. Radio propagation path loss models for 5G cellular networks in the 28 GHz and 38 GHz millimeter-wave Bands[J]. IEEE Communications Magazine, 2014, 52(9):78–86.

[51] Zhu Y, Zhang Z, Marzi Z, et al. Demystifying 60 GHz outdoor picocells[C]. Proceedings of the 20th Annual International Conference on Mobile Computing and Networking, Hawaii, USA, 2014.

[52] Qiao J, Shen X S, Mark J W, et al. Enabling device-to-device communications in millimeter-wave 5G cellular networks[J]. IEEE Communications Magazine, 2015, 53(1):209–215.

[53] Taori R, Sridharan A. Point-to-multipoint in-band mmwave backhaul for 5G networks[J]. IEEE Communications Magazine, 2015, 53(1):195–201.

[54] Mudumbai R, Singh S, Madhow U. Medium access control for 60 GHz outdoor mesh networks with highly directional links[C]. Proceedings of IEEE INFOCOM 2009 (Mini Conference), Rio de Janeiro, Brazil, 2009:2871–2875.

[55] Son I K, Mao S, Gong M X, et al. On frame-based scheduling for directional mmWave WPANs[C]. Proceedings of INFOCOM. IEEE, 2012:2149–2157.

[56] Qiao J, Cai L X, Shen X, et al. STDMA-based scheduling algorithm for concurrent transmissions in directional millimeter wave networks[C]. Proceedings of IEEE ICC, Ottawa, Canada, 2012:5221–5225.

[57] Sum C, Lan Z, Funada R, et al. Virtual Time-Slot Allocation Scheme for Throughput Enhancement in a Millimeter-Wave Multi-Gbps WPAN System[C]. IEEE Journal on Selected Areas in Communications, 2009, 27(8):1379–1389.

[58] Kang H, Ko G, Kim I, et al. Overlapping BSS interference mitigation among WLAN systems[C]. Proceedings of IEEE 2013 International Conference ICT Convergence, Jeju, South Korea, 2013:913–917.

[59] Chen Q, Peng X, Yang J, et al. Spatial reuse strategy in mmWave WPANs with directional antennas[C]. Proceedings of 2012 IEEE GLOBECOM, Anaheim, CA, 2012:5392–5397.

[60] An X, Hekmat R. Directional MAC protocol for millimeter wave based wireless personal area networks[C]. Proceedings of IEEE VTC-Spring'08, Singapore, 2008:1636–1640.

[61] Pyo C w, Kojima F, Wang J, et al. MAC enhancement for high speed communications in the 802.15.3c mm Wave WPAN[J]. Springer Wireless Personal Communications, 2009, 51(4):825–841.

[62] Cai L X, Cai L, Shen X, et al. REX: a Randomized EXclusive Region based Scheduling Scheme for mmWave WPANs with Directional Antenna[J]. IEEE Transactions Wireless Communications, 2010, 9(1):113–121.

[63] Sum C S, Lan Z, Rahman M A, et al. A multi-Gbps millimeter-wave WPAN system based on STDMA with heuristic scheduling[C]. Proceedings of GLOBECOM 2009. IEEE, 2009:1–6.

[64] Qiao J, Cai L X, Shen X, et al. Enabling multi-hop concurrent transmissions in 60 GHz wireless personal area networks[J]. IEEE Transactions on Wireless Communications, 2011, 10(11):3824–3833.

[65] Shihab E, Cai L, Pan J. A distributed asynchronous directional-to-directional MAC protocol for wireless ad hoc networks[J]. IEEE Transactions on Vehicular Technology, 2009, 58(9):5124–5134.

[66] Gong M X, Stacey R J, Akhmetov D, et al. A directional CSMA/CA protocol for mmWave wireless PANs[C]. Proceedings of IEEE WCNC'10, Sydney, NSW, 2010:1–6.

[67] Singh S, Mudumbai R, Madhow U. Distributed coordination with deaf neighbors: efficient medium access for 60 GHz mesh networks[C]. Proceedings of IEEE INFOCOM, San Diego, CA, 2010:1–9.

[68] Chen Q, Tang J, Wong D, et al. Directional cooperative MAC protocol design and performance analysis for IEEE 802.11 ad WLANs[J]. IEEE Transactions on Vehicular Technology, 2013, 62(6):2667–2677.

[69] Park H, Park S, Song T, et al. An incremental multicast grouping scheme for mmWave networks with directional antennas[J]. IEEE Communications Letters, 2013, 17(3):616–619.

[70] Scott-Hayward S, Garcia-Palacios E. Multimedia resource allocation in mmwave 5G networks[J]. IEEE Communications Magazine, 2015, 53(1):240–247.

[71] Sato K, Manabe T. Estimation of propagation-path visibility for indoor wireless LAN systems under shadowing condition by human bodies[C]. Proceedings of 48th IEEE Vehicular Technology Conference, 1998:2109–2113.

[72] Dong K, Liao X, Zhu S. Link blockage analysis for indoor 60 GHz radio systems[J]. Electronics Letters, 2012, 48(23):1506–1508.

[73] Genc Z, Rizvi U, Onur E, et al. Robust 60 GHz indoor connectivity: is it possible with reflections?[C]. Proceedings of 2010 IEEE 71st Vehicular Technology Conference, Taipei, Taiwan, 2010:1–5.

[74] Yiu C, Singh S. Empirical capacity of mmWave WLANs[J]. IEEE Journal on Selected Areas in Communications, 2009, 27(8):1479–1487.

[75] An X, Sum C S, Prasad R, et al. Beam switching support to resolve link-blockage problem in 60 GHz WPANs[C]. Proceedings of 2009 IEEE 20th International Symposium on Personal, Indoor and Mobile Radio Communications, Tokyo, Japan, 2009:390–394.

[76] Park M, Pan H K. A spatial diversity technique for IEEE 802.11ad WLAN in 60 GHz band[J]. IEEE Communications Letters, 2012, 16(8):1260–1262.

[77] Xiao Z. Suboptimal spatial diversity scheme for 60 GHz millimeter-wave WLAN[J]. IEEE Communications Letters, 2013, 17(9):1790–1793.

[78] Singh S, Ziliotto F, Madhow U, et al. Millimeter wave WPAN: cross-layer modeling and multihop architecture[C]. Proceedings of IEEE INFOCOM, Anchorage, US, 2007:2336–2340.

[79] Lan Z, Wang J, Gao J, et al. Directional Relay with Spatial Time Slot Scheduling for mmWave WPAN Systems[C]. Proceedings of VTC-Spring 2010, Taipei, Taiwan, 2010:1–5.

[80] Zhang X, Zhou S, Wang X, et al. Improving network throughput in 60 GHz WLANs via multi-AP diversity[C]. Proceedings of 2012 IEEE International Conference on Communications, Ottawa, Canada, 2012:4803–4807.

[81] Wang J, Prasad R V, Niemegeers I. Exploring multipath capacity for indoor 60 GHz radio networks[C]. Proceedings of 2010 IEEE International Conference on Communications, Cape Town, South Africa, 2010:1–6.

[82] IEEE doc 11-09-0334-08-00ad. Channel models for 60 GHz WLAN systems[R]. Technical report, May, 2010.

[83] Lu L, Zhang X, Funada R, et al. Selection of modulation and coding schemes of single carrier PHY for 802.11 ad multi-gigabit mmWave WLAN systems[C]. Proceedings of 2011 IEEE Symposium on Computers and Communications (ISCC), 2011:348–352.

[84] Gudipati A, Perry D, Li L E, et al. SoftRAN: Software defined radio access network[C]. Proceedings of ACM HotSDN 2013, Hong Kong, China, 2013:25–30.

[85] Bejerano Y, Bhatia R. Mifi: A framework for fairness and QoS assurance in current IEEE 802.11 networks with multiple access points[J]. IEEE Transactions on Networking, 2006, 14(4):849–862.

[86] Arbaugh W, Mishra A, Shin M. An empirical analysis of the IEEE 802.11 mac layer handoff process[J]. ACM SIGCOMM Computer Communication Review, 2003, 33(2):93–102.

[87] Bejerano Y, Han S, Li L. Fairness and load balancing in wireless lans using association control[J]. IEEE Transactions on Networking, 2007, 15(3):560–573.

[88] Athanasiou G, Weeraddana P C, Fischione C, et al. Optimizing client association in 60 GHz wireless access networks[EB/OL]. [2013-02-11]. arXiv preprint arXiv:1301.2723, 2013.

[89] Xiao Z, Bai L, Choi J. Iterative joint beamforming training with constant-amplitude phased arrays in millimeter-wave communications[J]. IEEE Communications Letters, 2014, 18(5):829–832.

[90] Roh W, Seol J, Park J, et al. Millimeter-Wave beamforming as an enabling technology for 5G cellular communications: theoretical feasibility and prototype results[J]. IEEE Communications Magazine, 2014, 52(2):106–113.

[91] Wei L, Hu R, Qian Y, et al. Key elements to enable millimeter wave communications for 5G wireless systems[J]. IEEE Wireless Communications, 2014, 21(6):136–143.

[92] Niu Y, Li Y, Jin D, et al. A survey of millimeter wave communications (mmWave) for 5G: opportunities and challenges[J]. Wireless Networks, 2015, 21(8):2657–2676.

[93] 牛勇, 李勇, 肖振宇, 等. 基于启发式调度算法的毫米波无线个域网方向性 MAC 协议 [J]. 清华大学学报 (自然科学版), 2015, 55(4):403–407.

[94] Gupta P, Kumar P R. The capacity of wireless networks[J]. IEEE Transactions on Information Theory, 2000, 46(2):388–404.

[95] Joo C, Lin X, Shroff N. Understanding the capacity region of the greedy maximal scheduling algorithm in multi-hop wireless networks[C]. Proceedings of IEEE INFOCOM (2008), Phoenix, AZ, 2008:1103–1111.

[96] Sharma G, Mazumdar R R, Shroff N B. On the complexity of scheduling in wireless networks[C]. Proceedings of the 12th Annual International Conference on Mobile Computing and Networking, 2006:227–238.

[97] Xu X, Tang S. A constant approximation algorithm for link scheduling in arbitrary networks under physical interference model[C]. Proceedings of the 2nd ACM International Workshop on Foundations of Wireless Ad Hoc and Sensor Networking and Computing, New Orleans, Louisiana, 2009:13–20.

[98] Xu H, Kukshya V, Rappaport T S. Spatial and temporal characteristics of 60 GHz indoor channels[J]. IEEE Journal on Selected Areas Communications, 2002, 20(3):620–630.

[99] Niu Y, Li Y, Jin D, et al. Blockage robust and efficient scheduling for directional mmWave WPANs[J]. IEEE Transactions on Vehicular Technology, 2015, 64(2):728–742.

[100] Niu Y, Li Y, Jin D, et al. A Two Stage Approach for Channel Transmission Rate Aware Scheduling in Directional mmWave WPANs[J]. Wireless Communications and Mobile Computing, 2016, 16(3):313–329.

[101] Sherali H D, Adams W P. A Reformulation-Linearization Technique for Solving Discrete and Continuous Nonconvex Problems[M]. Boston, MA: Kluwer Academic, 1999.

[102] Ning J, Kim T S, Krishnamurthy S V, et al. Directional neighbor discovery in 60 GHz indoor wireless networks[C]. Proceedings of ACM MSWiM '09, Tenerife, Spain, 2009:365–373.

[103] YALMIP Wiki. YALMIP[EB/OL]. http://users.isy.liu.se/johanl/yalmip/.

[104] Jain R, Durresi A, Babic G. Throughput fairness index: An explanation[C]. Proceedings of ATM Forum/99-0045, 1999.

[105] Islam M N, Sampath A, Maharshi A, et al. Wireless backhaul node placement for small cell networks[C]. Proceedings of 2014 48th Annual Conference on Information Sciences and Systems (CISS), Princeton, USA, 2014:1–6.

[106] Bosco B, Emrick R, Franson S, et al. Emerging commercial applications using the 60 GHz unlicensed band: opportunities and challenges[C]. Proceedings of IEEE WAMICON, Clearwater Beach, FL, 2006:1–4.

[107] Yong S K, Xia P, Valdes-Garcia A. 60 GHz Technology for Gbps WLAN and WPAN[M]. Chichester: John Wiley & Sons Ltd., 2011.

[108] Narlikar G, Wilfong G, Zhang L. Designing multihop wireless backhaul networks with delay guarantees[C]. Proceedings of INFOCOM 2006, Barcelona, Spain, 2006:1–12.

[109] Lebedev A, Pang X, Olmos J J V, et al. Feasibility study and experimental verification of simplified fiber-supported 60-GHz picocell mobile backhaul links[J]. IEEE Photonics Journal, 2013, 5(4):7200913.

[110] Bojic D, Sasaki E, Cvijetic N, et al. Advanced wireless and optical technologies for small-cell mobile backhaul with dynamic software-defined management[J]. IEEE Communications Magazine, 2013, 51(9):86–93.

[111] Pi Z, Khan F. An introduction to millimeter-wave mobile broadband systems[J]. IEEE Communications Magazine, 2011, 49(6):101–107.

[112] Hu R Q, Qian Y. Heterogeneous Cellular Networks[M]. John Wiley & Sons, 2013.

[113] Bernardos C J, Domenico A D, Ortin J, et al. Challenges of designing jointly the backhaul and radio access network in a cloud-based mobile network[C]. Proceedings of 2013 Future Network and Mobile Summit, Lisboa, 2013:1–10.

[114] Pi Z, Khan F. System design and network architecture for a millimeter-wave mobile broadband (mmb) system[C]. Proceedings of Sarnoff Symposium (2011), Princeton, NJ, 2011:1–6.

[115] Damnjanovic A, Montojo J, Wei Y, et al. A survey on 3GPP heterogeneous networks[J]. IEEE Wireless Communications, 2011, 18(3):10–21.

[116] Andrews J G, Claussen H, Dohler M, et al. Femtocells: Past, present, and future[J]. IEEE Journal on Selected Areas in Communications, 2012, 30(3):497–508.

[117] Chandrasekhar V, Andrews J G, Gatherer A. Femtocell networks: a survey[J]. IEEE Communications Magazine, 2008, 46(9):59–67.

[118] Mehrpouyan H, Matthaiou M, Wang R, et al. Hybrid millimeter-wave systems: A novel paradigm for HetNets[J]. IEEE Communications Magazine, 2015, 53(1):216–221.

[119] Lee K, Lee J, Yi Y, et al. Mobile data offloading: How much can WiFi deliver?[J]. IEEE/ACM Transactions on Networking (TON), 2013, 21(2):536–550.

[120] Monti P, Tombaz S, Wosinska L, et al. Mobile backhaul in heterogeneous network deployments: technology options and power consumption[C]. Proceedings of 2012 14th International Conference on Transparent Optical Networks (ICTON), Coventry, 2012:1–7.

[121] Niu Y, Li Y, Jin D. Poster: promoting the spatial reuse of millimeter wave networks via software-defined cross-layer design[C]. Proceedings of Mobicom 2014, Maui, Hawaii, 2014:395–396.

[122] Yildirm F, Liu H. A cross-layer neighbor-discovery algorithm for directional 60-GHz networks[J]. IEEE Transactions on Vehicular Technology, 2009, 58(8):4598–4604.

[123] Vasudevan S, Kurose J, Towsley D. On neighbor discovery in wireless networks with directional antennas[C]. Proceedings of INFOCOM 2005, 2005:2502–2512.

[124] Jakllari G, Luo W, Krishnamurthy S. An integrated neighbor discovery and MAC protocol for ad hoc networks using directional antennas[J]. IEEE Transactions on Wireless Communications, 2007, 6(3):1114–1124.

[125] Pei G, Albuquerque M, Kim J, et al. A neighbor discovery protocol for directional antenna networks[C]. Proceedings of MILCOM 2005, 2005:487–492.

[126] Deng H, Sayeed A. Mm-wave MIMO channel modeling and user localization using sparse beamspace signatures[C]. Proceedings of 2014 IEEE 15th

International Workshop on Signal Processing Advances in Wireless Communications (SPAWC), Toronto, 2014:130–134.

[127] Rappaport T S, Reed J H, Woerner B D. Position location using wireless communications on highways of the future[J]. IEEE Communications Magazine, 1996, 34(10):33–41.

[128] Kompella S, Mao S, Hou Y T, et al. On path selection and rate allocation for video in wireless mesh networks[J]. IEEE Transaction on Networking, 2009, 17(1):212–224.

[129] Chandrasekhar V, Andrews J G, Gatherer A. Femtocell networks: a survey[J]. IEEE Communications Magazine, 2008, 46(9):59–67.

[130] Lee J, Kountouris M, Quek T Q, et al. Special issue on Heterogeneous and small cell networks[J]. Physical Communication, 2014, 13(PB):1–2.

[131] 杨懋. 软件定义的虚拟化移动网络若干关键技术研究 [D]. 北京: 清华大学, 2014.

[132] Yap K K, Kobayashi M, Sherwood R, et al. OpenRoads: Empowering research in mobile networks[J]. ACM SIGCOMM Computer Communication Review, 2010, 40(1):125–126.

[133] Yap K K, Kobayashi M, Underhill D, et al. The stanford openroads deployment[C]. Proceedings of Proceedings of the 4th ACM International Workshop on Experimental Evaluation and Characterization. ACM, 2009:59–66.

[134] Suresh L, Schulz-Zander J, Merz R, et al. Towards programmable enterprise WLANS with Odin[C]. Proceedings of Proceedings of the First Workshop on Hot Topics in Software Defined Networks. ACM, 2012:115–120.

[135] Kumar S, Cifuentes D, Gollakota S, et al. Bringing cross-layer MIMO to today's wireless LANs[C]. Proceedings of ACM SIGCOMM Computer Communication Review, volume 43. ACM, 2013:387–398.

[136] McKeown N, Anderson T, Balakrishnan H, et al. OpenFlow: enabling innovation in campus networks[J]. ACM SIGCOMM Computer Communication Review, 2008, 38(2):69–74.

[137] Bansal M, Mehlman J, Katti S, et al. Openradio: a programmable wireless dataplane[C]. Proceedings of Proceedings of the first workshop on Hot topics in software defined networks. ACM, 2012:109–114.

[138] Ding Z, Poor H V. The use of spatially random base stations in cloud radio access networks[J]. IEEE Signal Processing Letters, 2013, 20(11):1138–1141.

[139] Chen C. C-RAN: the Road Towards Green Radio Access Network[R]. White Paper, 2011.

[140] Ahmed R, Boutaba R. Design considerations for managing wide area software defined networks[J]. IEEE Communications Magazine, 2014, 52(7):116–123.

[141] Torkildson E, Madhow U, Rodwell M. Indoor millimeter wave MIMO: Feasibility and performance[J]. IEEE Transactions on Wireless Communications, 2011, 10(12):4150–4160.

[142] El Ayach O, Rajagopal S, Abu-Surra S, et al. Spatially sparse precoding in millimeter wave MIMO systems[J]. IEEE Transactions on Wireless Communications, 2014, 13(3):1499–1513.

[143] Yu C H, Chang M P, Guey J C. Beam space selection for high rank millimeter wave communication[C]. Proceedings of 2015 IEEE 81st Vehicular Technology Conference (VTC Spring). IEEE, 2015:1–5.

在学期间发表的学术论文

[1] **Niu Y**, Gao C H, Li Y, Su L, Jin D P, Vasilakos A V. Exploiting device-to-device communications in joint scheduling of access and backhaul for mmWave small cells[J]. IEEE Journal on Selected Areas in Communications, 2015, 33(10): 2052–2069. (SCI 收录, 检索号: CR9ND, 期刊影响因子: 3.453.)

[2] **Niu Y**, Li Y, Chen M, Jin D P, Chen S. A cross-layer design for software defined millimeter-wave mobile broadband system[J]. IEEE Communications Magazine, 2016, 54(2): 124–130. (SCI 收录, 检索号: DE8GQ, 期刊影响因子: 4.007.)

[3] **Niu Y**, Li Y, Jin D P, Su L, Wu D P. Blockage robust and efficient scheduling for directional mmWave WPANs[J]. IEEE Transactions on Vehicular Technology, 2015, 64(2): 728–742. (SCI 收录, 检索号: CB6CR, 期刊影响因子: 1.978.)

[4] **Niu Y**, Gao C H, Li Y, Jin D P, Su L, Wu D P. Boosting spatial reuse via multiple paths multi-hop scheduling for directional mmWave WPANs[J]. IEEE Transactions on Vehicular Technology, 2015. (SCI 检索源刊, 检索号: DT4JO, 期刊影响因子: 1.978.)

[5] **Niu Y**, Su L, Gao C H, Li Y, Jin D P, Han Z. Exploiting device-to-device communications to enhance spatial reuse for popular content downloading in directional mmWave small cells[J]. IEEE Transactions on Vehicular Technology, 2016, 65(7): 5538–5550. (SCI 检索源刊, 检索号: DRTFP, 期刊影响因子: 1.978.)

[6] **Niu Y**, Gao C H, Li Y, Su L, Jin D P, Zhu Y, Wu D P. Energy efficient scheduling for mmWave backhauling of small cells in heterogeneous cellular networks[J]. IEEE Transactions on Vehicular Technology, 2016. (SCI 检索源刊, 检索号: EO0PW, 期刊影响因子: 1.978.)

[7] **Niu Y**, Li Y, Jin D P, Su L, Vasilakos A V. A survey of millimeter wave communications (mmWave) for 5G: Opportunities and challenges[J]. Wireless Networks, 2015, 21(8): 2657–2676. (SCI 收录, 检索号: CZ4JX, 期刊影响因子: 0.961.)

[8] **Niu Y**, Li Y, Jin D P, Su L, Wu D P. A two stage approach for channel transmission rate aware scheduling in directional mmWave WPANs[J]. Wireless Communications and Mobile Computing, 2016, 16(3): 313–329. (SCI 收录, 检索号: DD3NG, 期刊影响因子: 0.858.)

[9] **Niu Y**, Gao C H, Li Y, Su L, Jin D P. Exploiting multi-hop relaying to overcome blockage in directional mmWave small cells[J]. Journal of communications and networks, 2015. (SCI 检索源刊, 检索号：DY6PS, 期刊影响因子: 1.007.)

[10] **Niu Y**, Li Y, Jin D P. Poster: Promoting the spatial reuse of millimeter wave networks via software-defined cross-layer design[C]. 20th annual international conference on Mobile computing and networking (MobiCom '14), Hawaii, September 2014, 395–396. (EI 收录, 检索号: 20144200107983.)

[11] **Niu Y**, Xiao Z Y, Jin D P, Su L, Zeng L G. Reduced-Routing Complexity Decoder for High-Rate QC-LDPC Codes[C]. 2011 International Conference on Computational Problem-Solving (ICCP), Chengdu, October 2011, 703–707. (EI 收录, 检索号: 20115214632724.)

[12] **牛勇**, 李勇, 肖振宇, 金德鹏, 曾烈光. 基于启发式调度算法的毫米波无线个域网方向性 MAC 协议 [J]. 清华大学学报 (自然科学版), 2015, 55(4): 403-407. (EI 收录, 检索号: 20154201382700.)

[13] Feng W, **Niu Y**, Li Y, Gao B, Su L, Jin D P, Wu D P. On the throughput enhancement of IEEE 802.11ad through STDMA scheduling of multiple co-channel networks[J]. IET Communications, 2016, 10(4): 425–434. (SCI 收录, 检索号: DG6PP, 期刊影响因子: 0.742.)

[14] Zhu Y, **Niu Y**, Li J D, Wu D P, Li Y, Jin D P. QoS-aware scheduling for small cell millimeter wave mesh backhaul[C]. IEEE ICC 2016. (EI 检索, 检索号：20163302715118.)

[15] 冯子奇, **牛勇**, 苏厉, 金德鹏. 基于混合波束赋形的室内毫米波 MIMO 系统性能分析 [J]. 电子学报, 2017, 45(6): 1281–1287. (EI 检索源刊, 检索号：20173504103611.)

致　　谢

首先衷心感谢我的导师金德鹏教授。在攻读博士学位的五年时间里，无论是在做事方面还是在做人方面，金老师都给了我莫大的教诲。在做事方面，金老师教导我要踏实认真，勤奋刻苦，不断提高自己的专业水平，做出优秀的科研成果；在做人方面，金老师以身作则，胸襟宽广，切实帮助学生解决生活上和学习上的困难，为我树立了最好的榜样。在研究方向的选择、博士生开题、出国交流访问、科研项目攻关、找工作、毕业学术报告以及博士学位论文撰写等方面，金老师都给了我非常大的帮助，让我能够顺利充实地完成博士学位论文。

感谢课题组的曾烈光老师、苏厉老师和李勇老师。曾老师为人和蔼，平易近人，在生活和学习上对我关心备至。苏老师学识渊博，做事认真负责，在科研和生活上都给了我很大的帮助。特别感谢李勇老师对我在科研上非常大的帮助，无论是在创新想法上的点拨，还是学术论文的写作和修改，李老师都给了我耐心细致的指导，让我在博士期间成果颇丰。李老师做事勤奋，是自强不息的典范，我今后将带着您的鼓励在科研上再接再厉，做出更好的成绩。感谢佛罗里达大学的吴大鹏教授对我在访学期间的指导和帮助。

感谢实验室的各位兄弟姐妹，与你们共处的时光将成为我人生最美好的回忆。感谢陆希玉、卢大成、杨懋、刘中金、孙光、周烨、高波、张昌明、钱梦炯、冯薇、柳嘉强、江鹏刚、关响生、冯子奇、谢凡、王寰东、颜欢、肖少然、丁璟韬、徐丰力、程永生、徐长鸣、朱江、王潇涵、张闯、张英杰、王琪、孟祥明等同学对我的帮助。感谢高楚寒，与你的合作让我受益匪浅。

最后，我要特别感谢我的家人，尤其是我的父母在我博士期间对我的关心和支持。你们是我遇到困难时的坚强后盾，也是我以后要尽全力报答的人。